JN142940

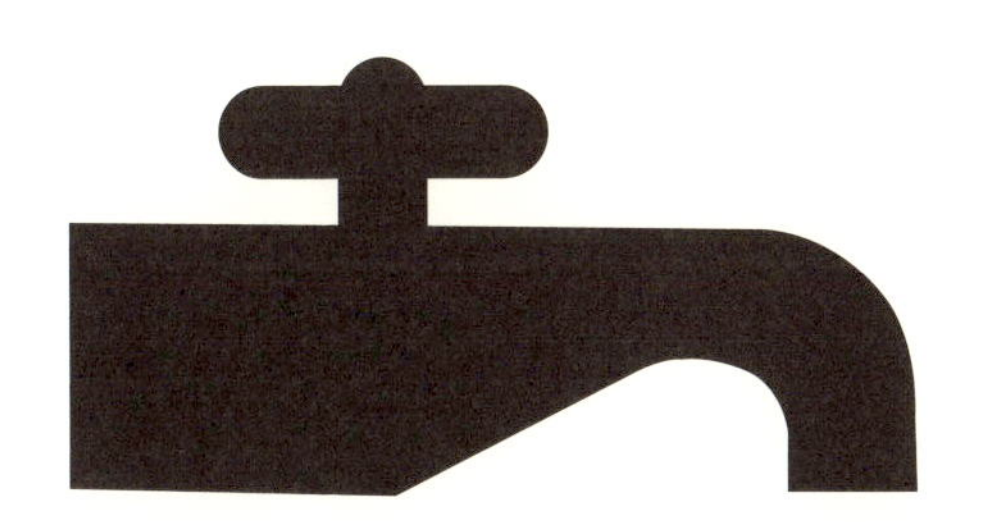

日本の水道をどうする!?

民営化か公共の再生か

内田 聖子 編著

コモンズ

はじめに

蛇口をひねれば、二四時間三六五日、家庭に、職場に届けられる安全・安価な水。

私たちは水道サービスを当たり前のように享受しているが、日本の水道事業は大きな課題に直面している。とくに小規模な自治体では人口減少によって料金収入が低下し、構造的な赤字経営を強いられてきた。水道管や浄水場など設備・施設の老朽化や職員減少も深刻だ。

これらの課題の解決のために二〇一八年一二月、水道事業の基盤強化を目的とした水道法改正案が国会で可決された。改正の柱の一つは、各自治体の水道事業の基盤強化である。ただし、もう一つの柱がある。それは官民連携の推進だ。

水道事業の運営を民間企業に委ねるコンセッション方式が、自治体の選択肢として設定された。この法案が「水道民営化法案」と言われた理由である。改正にあたっては、水道関係者や専門家、多くの市民からさまざまな懸念が出されたにもかかわらず、不十分な審議で成立した。多くの課題を残したまま、各自治体がコンセッション方式を含む水道事業のあり方を選択していくことになる。

こうした状況を受けて市民の不安や危機感が高まり、水道民営化に関する学習会が各地で開かれていく。私が共同代表を務めるアジア太平洋資料センター（PARC）は二〇一八年に、ギリシャで制作されたドキュメンタリー映画『最後の一滴まで』を翻訳・制作した。ヨーロッパにおける水道再公営化の事例や、欧州債務危機以降にギリシャなどに強いられる緊縮政策としての民営化の事例を描いた作品である。想像以上の関心を集め、全国各地でたくさんの上映会が開催された。

その過程で水道民営化に反対する人びとと関わり、私が強く感じてきたことがある。それは、民営化への対抗策は、地域で、住民が主体となって、水への権利を取り戻すということに尽きるということだ。新自由主義的なグローバリゼーションの最後の、そして最大の防波堤は、地域主権と自治である。

日本よりもかなり前から、途上国・先進国を問わず、水道民営化は人びとの暮らしの脅威となってきた。人びとはそれに対して抵抗や対案づくりの運動を続け、その延長線上に、この一〇年間で顕著となってきたヨーロッパはじめ多くの国・地域での再公営化の流れがある。こうした運動の多くは、民営化の見直しにとどまらない。その最終目標は次の三点に整理できる。

①自治を取り戻す。
②公共性を再評価し、拡充していく。
③限られた共有財（コモンズ）としての水を大切にし、分かち合う。

日本社会でいま必要なのは、この観点からの議論と提言ではないか。これが本書を企画した意図と目的だ。執筆をお願いしたのは、この間の取り組みでご一緒してきた専門家や組織のリーダー、そして各地の運動で活躍されている方々である。

第1章は、一九九〇年代以降の三〇年間の世界の水道民営化の歴史とそれへの抵抗運動について、内田が執筆した。かつて途上国では国際通貨基金（ＩＭＦ）・世界銀行による構造調整プログラムとして民営化が強いられてきたが（日本のＯＤＡ（政府開発援助）が直接・間接に荷担していたケースもある）、その事実は日本で十分に伝えられていない。一方、国際市民社会は長年、国連その他の政策決定の場において地道な努力を重ね、「水は人権」という価値を確立してきた。現在の民営化をめぐる議論の前提として、こうした経験をふまえる必要がある。

第2章では、オランダに拠点を置く国際リサーチＮＧＯトランス・ナショナル・インスティテュート（ＴＮＩ）の岸本聡子氏が、二〇一〇年以降に世界の多くの自治体で選択されてきた再公営化について紹介する。日本でも知られるようになったパリ市だけでなく、草の根民主主義による再公営化を実現したスペインのバルセロナ市、深刻な鉛汚染に見舞われた米国のピッツバーグ市、巨大な投資ファンドと裁判で闘った米国のミズーラ市、そして一九九七年に民営化されて以降、三〇年も民営化反対と再公営化運動が続けられてきたインドネシアのジャカルタ市が取り上げられている。時代や個別の事情は違えど、水へのアクセス権の保障、自治と民主主義の再構築など、再公営化を求めてきた理由は共通する。

第3章では、日本の水道法改正と、「民営化」を進めるもう一つの制度・政策であるＰＦＩ（プライベート・ファイナンス・イニシアティブ）について、内田が概説した。一九九九年に制定されたＰＦＩ法は何回も改正がなされ、コンセッション方式を一貫して自治体に押し付けてきている。この過程には、グローバル水企業や外資系コンサルティング企業、未来投資会議といった政府の諮問機関およびそのメンバーなど、特定の利害を有する者たちの存在が見え隠れする。また、全日本水道労働組合の辻谷貴文書記次長は、労働組合の立場から水道法改正の問題点と今後の公共水道のあり方について提言する。

　第４章は、日本各地で水道民営化に反対する市民運動の実践報告である。全国で初めて下水道のコンセッション方式を実施した浜松市（静岡県）では、水道法改正前から上水道へのコンセッション方式導入が検討されてきた。これに対する反対運動の中心メンバーである竹内康人氏と池谷たか子氏が、運動の成果と課題を紹介する。全国で最も熱心にコンセッション方式を推進する宮城県については、工藤昭彦氏が詳細に分析している。

　第５章では最初に、二〇一三年の民営化提案以降、幅広い分野・立場の市民の反対運動ネットワークがつくられ、廃案とさせた大阪市のケースについて、その中心の一人として活躍してきた武田かおり氏が紹介した。第４章とあわせて、各地の取り組みの参考にしてほしい。

　さらに、公営による水道サービスを今後どのように変えていけばよいのかを提示した。コンセッション方式を導入しなかったとしても、冒頭で述べた水道事業の課題は残る。とくに小規模自治体では、財政逼迫の結果、公営のもとで水道料金が大幅に値上げされるかもしれない。

では、どうすればよいのか。全国的に先駆的な事例として注目される岩手県中部水道企業団の菊池明敏氏は、職員を十分に確保しつつ、広域化とダウンサイジング(小規模化)を実現したキーパーソンである。また、自治労連公営企業評議会の近藤夏樹事務局長は、公営水道がかかえる課題と政策的な対案を、職員・技術・災害対応などを軸に述べている。

エピローグでは、水ジャーナリストの橋本淳司氏が、水と私たち一人ひとりの関係のあり方について重要な視点を提起している。さらに、限られた自然資源としての水をどのように共有していけるのかについても、幅広い視野から論じた。

こうして本書は、水道民営化の問題をトータルに問うている。ただし、その出口は「民営化反対」という単純なものではない。大きな問題は、私たち自身が「公共財としての水」「自治としての水道」に対し無関心・無意識になっていることだ。私たちは水の価値を再認識し、「どのような水道を求めるべきなのか」「将来世代とも、他国の人びととも水を分かち合うためには、どうすればよいのか」を、民営化の是非を越え、語り合う必要がある。本書がそのための一助となれば幸いである。

内田　聖子

もくじ●日本の水道をどうする!?

世界の水道民営化の三〇年

「人権としての水」を確立してきた国際市民社会の闘い

内田 聖子

ボリビアで2000年に行われた民営化に反対する人びとの大規模なデモ
© Latin America Solidarity Centre

1 古くて新しい問題

水道民営化は、日本では二〇一八年秋の水道法改正審議の際に、身近な問題として初めて提示されたかのように見える。だが、世界に目を向ければ、一九八〇年代半ばから人びとの暮らしと公共サービスへの脅威であり続けてきた。

その潮流は、途上国における民営化から始まっている。一九九〇年代に入り、ＩＭＦと世界銀行は途上国への新規融資や債務削減の条件として、国や自治体が担う水道事業などの民営化を構造調整プログラム（ＳＡＰ）の一環として押し付けてきた。融資を餌にした公共サービス民営化の強制である。欧州復興開発銀行やアジア開発銀行なども同じ政策を採用している。

その背後には、フランスのヴェオリア・エンバイロメント社（以下「ヴェオリア社」）やスエズ・エンバイロメント社（以下「スエズ社」）、イギリスのテムズ・ウォーター社などのグローバル水企業の意向がある。実際、途上国で民営化された水道事業の大半はこうした企業によって運営されてきた。巨額の債務に苦しむ途上国はその要求をのまざるを得ず、水道はじめ医療、教育、通信、交通など多くの公共サービスが民営化されていく。

日本の多くの人たちにとって、途上国での水道民営化は身近に思えないだろう。しかし、国際ＮＧＯや労働組合、農民団体、女性団体、先住民族組織などを含む国際市民社会は、一九九〇年代から現在に至るまで、グローバル水企業による水市場の独占や大規模開発による水の収奪と環境汚染について調査し、告発を続けてきた。いま日本で起きていることは、かつての途上国における民営化と地続きでつながっている。言い換えれば、世界の水企業はこの三〇年間で途上国から先進国・新興国[1]へと市場を変え、時代や国状に即してビジネスモデルをアップデートしながら、活動し続けているのである。

現在の日本の状況を正確に理解するためにも、私たちは改めて過去三〇年間の世界の水道民営化の歴史を振り返り、人びとの抵抗の経験から学ぶ必要がある。水道事業は本来、すべての人びとにとって身近な地域コミュニティと自治体のサービスだ。そこに民営化が持ち込まれる経緯とその問題点には、時代や国・地域は違っても共通点が多い。それゆえ、国際市民社会はこれまで国境を越えたネットワークをつくってきた。日本が直面する民営化への抵抗と対案も、グローバルな協働によって大胆かつ柔軟に構想できるはずだ。

なお本書では、完全民営化と、ＰＰＰ(Public Private Partnership：官民連携)のもとでのＰＦＩ(Private Finance Initiative：プライベート・ファイナンス・イニシアティブ)手法の一つであるコンセッション方式の両者を、「水道民営化」と記載する(ＰＦＩについては第3章参照)。

2 途上国に広がった民営化——一九九〇年代の失敗の連鎖

官民連携への流れ

途上国における水道民営化は、ラテンアメリカ（中南米）から始まった。その口火を切ったのはチリだ。チリでは一九七四年のピノチェト軍事政権の誕生以来、米国の圧力によって新自由主義に基づく経済改革が推し進められてきた。その基本政策は、金融市場と貿易の自由化、そして水道、電力、通信、鉱山など公共サービス・基幹産業の民営化である。水道民営化が実質的に開始されるのは九五年だが、中南米の民営化の背景にあるのは七〇年代後半〜八〇年代に持ち込まれた新自由主義政策だ。

中南米の水道民営化には、共通する基本的なパターンがある。一九八〇年代末、各国で水道事業の「改革」が行われ、国有事業を解体して州・自治体レベルに分権化する政策が採用された。その前後に、民間参入に関する法律が新たに制定されたり、既存の法律が民間参入を促す方向へ改正される。こうして条件が整えられた後に、政府が民間事業者に対してさまざまな契約形態で業務管理を委託したり、運営権を売却する官民連携（ＰＰＰ）が導入された。

途上国の水道には、先進国と異なる多くの課題がある。貧困層にはそもそも水道が供給されていない。都市部にあるスラムの住民は「不法占拠者」と定義されるため、公共サービスの提供自体に政府・自治体はきわめて消極的だ。また、政府・自治体は財政難のため公営事業の赤字を埋められず、施設・設備の更新・拡張に投資できない。したがって、官民連携による民間資金の投入が「唯一の解決策」と考えられたのである。

こうした状況のもと世界規模での官民連携の推進を決定づけたのが、一九八九年のイングランドとウェールズ（英国）の水道民営化だ。一〇の国営地域水管理公社が民間会社に再編成され、株式も公開された。水道インフラのすべての所有権が民間投資家へ譲渡されたのである。この事例は、先進国はもちろん途上国の都市についても、「水道事業への民間資金活用は万能薬だ」という期待を多くの政策立案者に与えることとなる。

その三年後の一九九二年、世界銀行は『世界開発報告：開発と環境』で、「水を商品＝経済財」と定義し、水市場の自由化・民営化を提唱した。[2] また同年、アイルランドのダブリンで「水と環境に関する国際会議」が開催され、その後の国際的水政策に影響を与える「ダブリン原則」が採択される。この原則には、地球サミット（環境と開発に関する国連会議）の議論を受け継ぐ形で、①水資源の有限性、②参加型水資源開発・管理、③水供給・管理における女性の役割が規定されたが、先進国の意向によって世界銀行の定義と同じ「水は経済財として認識されるべきである」との文言も盛り込まれた。こうして各国で官民連携の方向づけがなされていく。

「モデルケース」とされたブエノスアイレス市

途上国における最初の大規模な水道民営化は、アルゼンチンの首都ブエノスアイレス市である。アルゼンチンでは一九八二年、国内すべての水道事業を統括してきた国営衛生事業団が解体され、州単位（ブエノスアイレスのみ市）の事業運営に変わった。ところが、各州の財源は乏しいうえに、水道料金を支払う習慣がない貧困層も多く、料金徴収率は上がらない。しかも、配管網などのインフラが脆弱で漏水率が高く、州の水道事業はすぐに立ち行かなくなる。

そこで一九八九年、メネム大統領は経済改革の一環として、電気、ガス、水道についてコンセッション方式を打ち出した。背景にあったのは、ＩＭＦ／世界銀行そして米国政府からの圧力だ。途上国の水道インフラ事業の多くは、先進国からの借款や国際機関の融資に依存している。借り入れた外資の返済が滞ると、さらなる融資の条件として、ＩＭＦ／世界銀行から公共サービスの民営化を要請される。そして多くの場合、外資の参入を求められる。こうして、ブエノスアイレス水道公社の売却＝民営化が九三年に決定された。

水道事業を担うことになったのは、フランスのリヨネーズ・デゾー（現スエズ）社とジェネラル・デゾー（現ヴェオリア）社の合弁企業であるアグアス・アルヘンティーナ社だ。対象給水人口は九三〇万人にのぼり、三〇年間のコンセッション契約によって四〇億ドル（約四四〇〇億円）もの投資が行われる、途上国の水道事業としては前例のない大規模な内容である。

図1－1　途上国における地域別給水人口とPPP事業数の推移（1991～2000年）

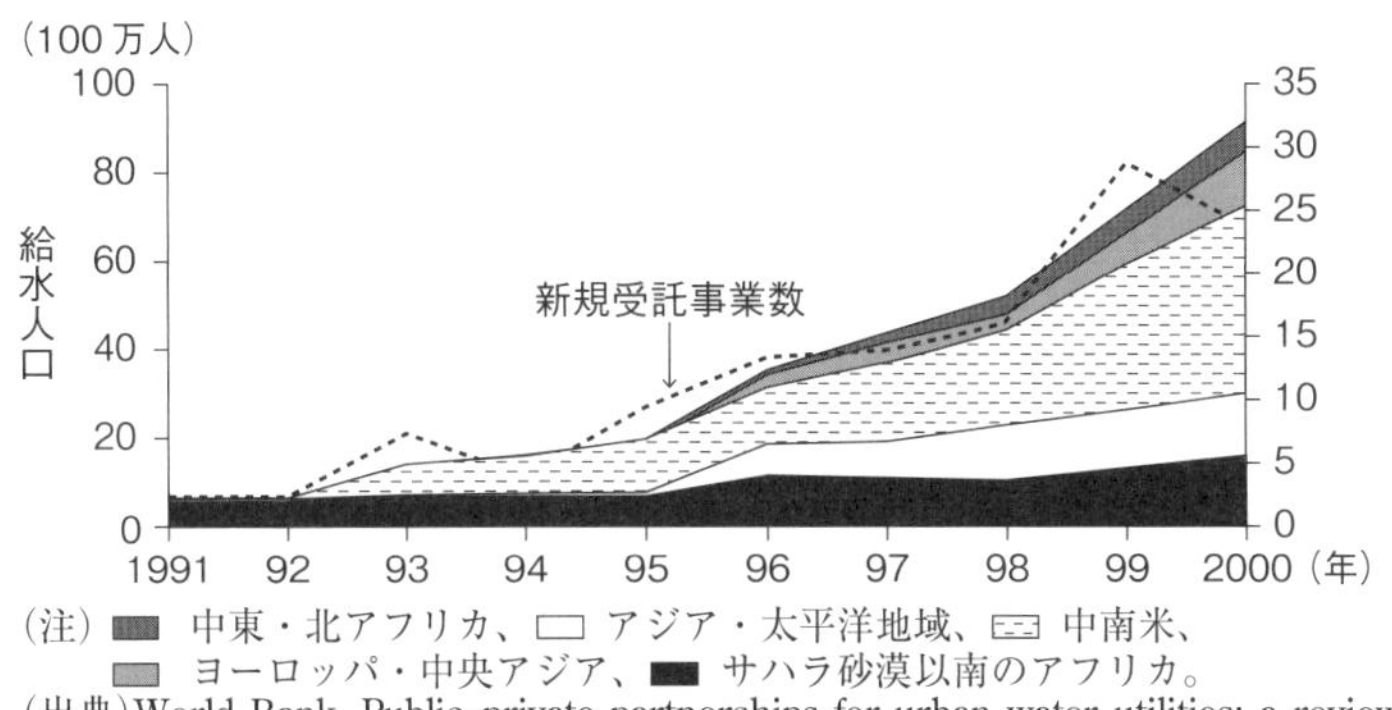

（注）中東・北アフリカ、アジア・太平洋地域、中南米、ヨーロッパ・中央アジア、サハラ砂漠以南のアフリカ。
（出典）World Bank, Public-private partnerships for urban water utilities: a review of experiences in developing countries, 2010.

世界銀行はこれを水道民営化の「モデルケース」として喧伝し、途上国に民営化が一気に広がっていく。一九九四年のカンクン（メキシコ）、グダニスク（ポーランド）、九五年のクランタン州（マレーシア）、九六年のセネガル、カルタヘナ（コロンビア）、九七年のマニラ（フィリピン）、ガボン、コルドバ（アルゼンチン）、ラパス／エル・アルト（ボリビア）、ブダペスト（ハンガリー）、カサブランカ（モロッコ）などが代表例である。カンクン以外、事業を担ったのはすべてグローバル水企業である。アルゼンチンでは水道事業の六割以上が民営化された。

世界銀行の調査によれば、水道民営化を行う途上国数は一九九一年の四カ国から二〇〇〇年の三八カ国へと約一〇倍に増えた。中南米はその牽引役を果たす。二〇〇〇年には途上国での民間事業者による給水人口九三〇〇万人のうち、半数に近い四三〇〇万人を中南米が占めるまでに至った（**図1－1**）。

相次ぐ民営化の失敗

しかし当初の期待に反し、中南米では水道民営化の失敗事例が相次いだ。その代表がほかならぬブエノスアイレス市である。契約時にアグアス・アルヘンティーナ社に課された評価基準は、①安定した水道水の供給、②給水率の向上、③低料金の達成(水道料金を一〇年間は引き上げないことを含む)などだった。しかし、水道事業で得た利益は投資家への巨額の配当金にまわり、同社が約束していた送・配水施設(ポンプ場)や地下水道管などの設備投資のうち実現したのは三分の一程度にすぎない。さらに、利益の一部が政府高官や大統領との縁故者へも流れ、民営化に期待された恩恵は人びとにはもたらされなかった。

アグアス・アルヘンティーナ社は、契約から一年も経たないうちに財政上の問題を理由に契約内容の変更をブエノスアイレス市に求め、水道料金はたびたび値上げされていく。契約後七年間で四五%も値上がりし、その後も年四%の値上げが続き、市民の激しい抗議運動が起きた。給水人口もほとんど変化が見られず、貧困層が住む地域はそもそも給水対象からはずされていたのだ。

この事態に対して、世界銀行とその融資機関である国際金融公社(IFC)は一九九三〜九七年に、救済のために合計九億一一〇〇万ドル(約一〇〇〇億円)もの追加融資を行う。だが、経済危機にも見舞われ、契約の再交渉が試みられたものの状況は改善されなかった。

表1－1　中南米の上下水道事業から撤退したグローバル水企業（2007年まで）

企業名	本国	事業を行った国	都市・州名
スエズ社	フランス	アルゼンチン	ブエノスアイレス市
			サンタフェ
		ブラジル	リメイラ
		ボリビア	ラパス／エルアルト
		プエルトリコ	—
サウール社	フランス	ベネズエラ	ララ州
		アルゼンチン	メンドーサ
テムズ・ウォーター社	英国	チリ	リベルタドール・ベルナルド・オイギンス州、ビオビオ州
アングリアン・ウォーター社	英国	チリ	バルパライソ州
アグアス・ビルバオ社	スペイン	アルゼンチン	ブエノスアイレス州の自治体
		ウルグアイ	マルドナド県
アズリックス社	米国	アルゼンチン	ブエノスアイレス州
			メンドーサ

（出典）Emanuele Lobina and David Hall, *Water privatisation and restructuring in Latin America*, 2007. をもとに筆者作成。https://gala.gre.ac.uk/id/eprint/2940/1/2007-09-W-Latam.pdf

結局、民営化から一三年が経った二〇〇六年三月、キルチネル大統領は水道事業の再国営化を宣言する。ブエノスアイレス市はアグアス・アルヘンティーナ社との契約を破棄した。「民営化のモデルケース」と評されたアルゼンチンでの再国営化は、途上国における民営化の失敗を表す象徴的な事例である。

この他にも多くの国で、民営化後に事業が行き詰まり、料金が値上げされて途中で契約を破棄するケースや、約束されていた投資がなされず、企業・自治体と住民の間でデモなど直接衝突するケースも続出する。その結果、一九九〇年代に中南米に進出したグローバル水企業の多くが、二〇〇七年までに撤退することとなった（**表1－1**）。

ISDSによる多額の賠償金や民営化の予期せぬコスト

ただし、問題は企業が水道事業から撤退したことにとどまらない。二〇～三〇年という長期契約は企業に独占的な地位を与え、安定的な利益を保証する。それが途中で終われば、企業は期待した利益を失う。だから、契約解消をめぐって多くのケースで企業と自治体の主張は対立し、訴訟に発展する場合も少なくない。

ここで登場するのが、国家間で交わす貿易・投資協定に含まれる投資家保護の仕組みである「投資家対国家の紛争解決制度（ＩＳＤＳ）」だ。投資行為がなされた後に、相手国の政府や自治体が行った規制強化や法改正、収用などの措置によって当初見込んでいた利益が損なわれたという理由で、投資家・企業が相手国政府や自治体を提訴できる。一九八〇年代以降、世界で結ばれた多くの貿易・投資協定に含まれ、日本でもＴＰＰ協定交渉時に問題とされた。

訴える先は相手国の国内裁判所ではなく、世界銀行グループの一つである投資紛争解決国際センター（ＩＣＳＩＤ）などの国際仲裁廷だ。裁定はそのつど選ばれる仲裁人三名（投資家側一名、政府側一名、双方の合意による一名）が行う。審理は公開されず、不服があっても異議申し立てできない。その非民主性・不透明性は、公共政策の後退や萎縮を招くと強く批判されている。

このＩＳＤＳが、中南米での水道をめぐる政府と企業の対立で多く使われた。一九八〇年代以降、ＩＳＤＳの提訴数は毎年約五〇件のペースで増加し、二〇一八年までの累計は九〇七件に及ぶ。鉱山開発やエネルギー、流通、輸送など分野は多岐にわたるが、上下水道や排水処理など水道関連の提訴件数は三八件だ。アルゼンチンは一〇件で、提訴された件数が際立って多い（表1－2）。

表1－2　1987〜2018年にISDSで提訴された国（上下水道、排水処理分野）

国　　名	件数
アルゼンチン	10
メキシコ	6
ポーランド	3
カナダ、チェコ、ブルガリア、エジプト、アルバニア、アルジェリア	各2
タンザニア、ボリビア、スロバキア、フィリピン、セルビア、エストニア、ドミニカ共和国	各1
合　　計	38

（出典）UNCTAD Investment Policy Hub のデータベースに基づき筆者作成。

たとえば、フランスのヴィヴェンディ（現ヴェオリア）社を含む共同企業体アコンキーハ水道社（アルゼンチン）がアルゼンチン政府を提訴したケースを見てみよう。

アルゼンチン北西部のトゥクマン州は他州と同様に上下水道を民営化し、アコンキーハ水道社が事業を引き継いだ。同州の上下水道施設は大幅な設備投資が必要であったが、長年水道料金は据え置かれ、州の補助金で運営していた。州政府はそうした状況をうけて、民営化時点で、水道料金を約一・七倍に引き上げることを同社と合意していた。

その後、州知事選挙で民営化反対の候補者が選出されると、州政府と州議会で、水道料金引き上げの撤回と再公営化の動きが起こる。アコンキーハ水道社の主張によれば、州議会が合意を無視して水道料金の引き下げ勧告を決議したほか、住民に水道料金の不払いを呼びかけ、料金請求を阻止するなどの「妨害行為」を行ったという。そのため料金徴収率は二〇%にまで下がり、深刻な経営難に陥ったと同社は主張している。

結局、アコンキーハ水道社はトゥクマン州政府との契約を解除し、撤退する。出資企業であるヴィヴェンディ社は、州政府・州議会の行為がアルゼンチン＝フランス投資協定に定める「収用」に該当し、また公正衡平待遇義務に違反しているという理由で、ＩＳＤＳに基づきアルゼンチン政府を提訴した。

国際仲裁廷はヴィヴェンディ社の主張を認め、アルゼンチン政府に総額一億五〇〇〇万ドル（約一一五億円）の損害賠償金の支払いを命じた。この賠償金の原資は国民の税金である。

民営化によって政府や自治体が想定外の支出を強いられたうえに、住民の生命が脅かされたケースもある。たとえば南アフリカでは一九九九年、世界銀行が推奨した総コスト回収制度（すべてのコストを利用者が負担する）が導入され、水道事業への補助金が廃止された。その謳い文句は、次のとおりだった。

「民営化すれば水道改修費用が捻出でき、財政負担はなくなり、国家の経済再建にも役立つ」

しかし、貧困地域にこの制度が適用された結果、数万人もの住民が水道料金を支払えなくなり、水道を止められた。彼らは汚染された川や湖からの取水を余儀なくされ、翌年八月には南アフリカ史上最悪と言われるコレラが大流行する。感染者は八万人にも及び、約二〇〇〇人が死亡した（ＷＨＯの報告）。さらに政府は、感染地域に清潔な水を運ぶために数百万ドル（数億円）を費やした。「民営化の予期せぬ／隠れたコスト」は軽くないことが証明されたのだ。

民主主義に反する民営化

トゥクマン州のケースでは企業への直接的な妨害行為が問題とされたが、選挙で民営化反対の公約を掲げることや、当選後に公約どおりに民営化を破棄することは、民主主義の手続きから見れば当然の行為である。貧困層にとって料金値上げは受け容れられないし、外国企業が利益を得る一方で住民の生活が改善されなければ不満も募るだろう。それに異議申し立てをし、公共の手に水道を取り戻そうという主張は、自治や公共政策の観点から見れば十分に理解できる。だがＩＳＤＳの裁定では、こうした点は基本的に考慮されず、直接的な収用行為の有無と投資家の受けた損害のみが基準となる。

ボリビアのコチャバンバ市では一九九九年に、水道民営化後の料金高騰に対して先住民族や農民が激しく抵抗し、多数の死者も出る激しい闘いを行った。日本でも知られる「ボリビア水戦争」である。道路の封鎖と破壊によってボリビア政府は多額の損失を被ったうえ、米国の多国籍建設企業ベクテル社からＩＳＤＳを用いて損害賠償訴訟を起こされた。

このときの運動リーダーであり、後に国連大使として「人権としての水」を提唱したパブロ・

ソロン氏は二〇〇二年三月、日本の市民団体の招聘で来日。国際金融機関やグローバル水企業による水道民営化は、人びとの暮らしや文化の基盤にある価値観と根本的に相容れないと批判している。

「水は生命です。人は誰でも生命を奪われてはなりません。アイマラ、ケチュア、グアラニーといった先住民族にとって、水は『パチャママ(母なる大地)』に流れる血です。水道の民営化と商品化は、何世紀にもわたり行われてきた人びとによる水の管理に反します。ベクテル社との契約締結は、人びとの水の利用法と、先住民族や小農民の慣習に反するものでした」

3 民営化の転換と市民社会の攻防——二〇〇〇年代の変化

広がる市場と多様化する水企業

途上国に広がった民営化の波は、二〇〇〇年代に入ると大きな転換点を迎える。ヨーロッパのグローバル水企業の中南米への投資はブラジルとコロンビアを除いて減り、中国やロシア、中東・北アフリカ、そして東ヨーロッパ・中央アジアへ移っていく(**図1−2**)。グローバル水企業は失敗の原因を途上国固有の政治リスクや経済危機であると分析し、民営化自体の問題点

図1－2　途上国における地域別給水人口とPPP事業数の推移（1991～2007年）

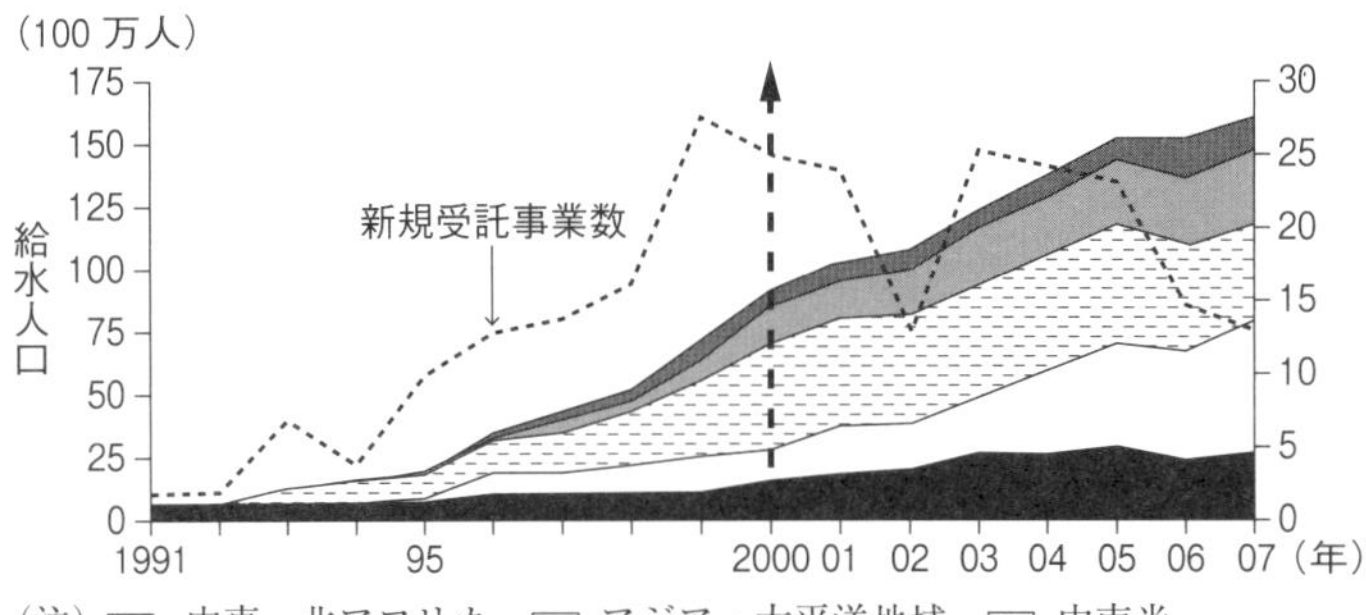

（注）中東・北アフリカ、アジア・太平洋地域、中南米、ヨーロッパ・中央アジア、サハラ砂漠以南のアフリカ。
（出典）官民連携データベース（PPIデータベース）に基づく筆者作成。

を深く問うことはなかった。

官民連携の手法も変化していく。一九九〇年代の経験で、為替リスクや高い融資比率など資金調達上の問題、水需要予測の失敗、政府・自治体との契約、事業の見通しの甘さからくる料金値上げや投資の見直しなど、企業側の多くのリスクが明らかになった。こうした課題があるからこそ水道は原理的に民営化になじまないのだが、企業側はリスク回避のために官民連携のスキーム（枠組み）を改変したり事案ごとに変更することで、「よりよい民営化」を模索するようになったのだ。

たとえばインドでは二〇一四年、事業開始後に見込まれた需要に達しなかった場合、経費などを政府が負担して民間事業者のリスクを減らすスキームが開発された。またフィリピンでは、施設建設については一般的なインフラ事業のように政府予算やODA（政府開発援助）を利用して行い、完成後の運営権を民間事業

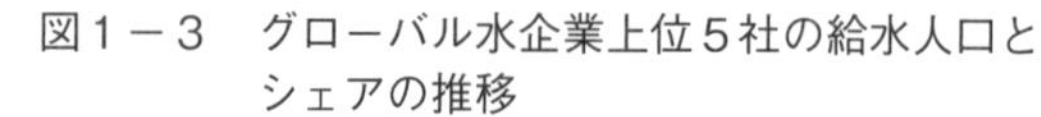
図1－3　グローバル水企業上位5社の給水人口とシェアの推移

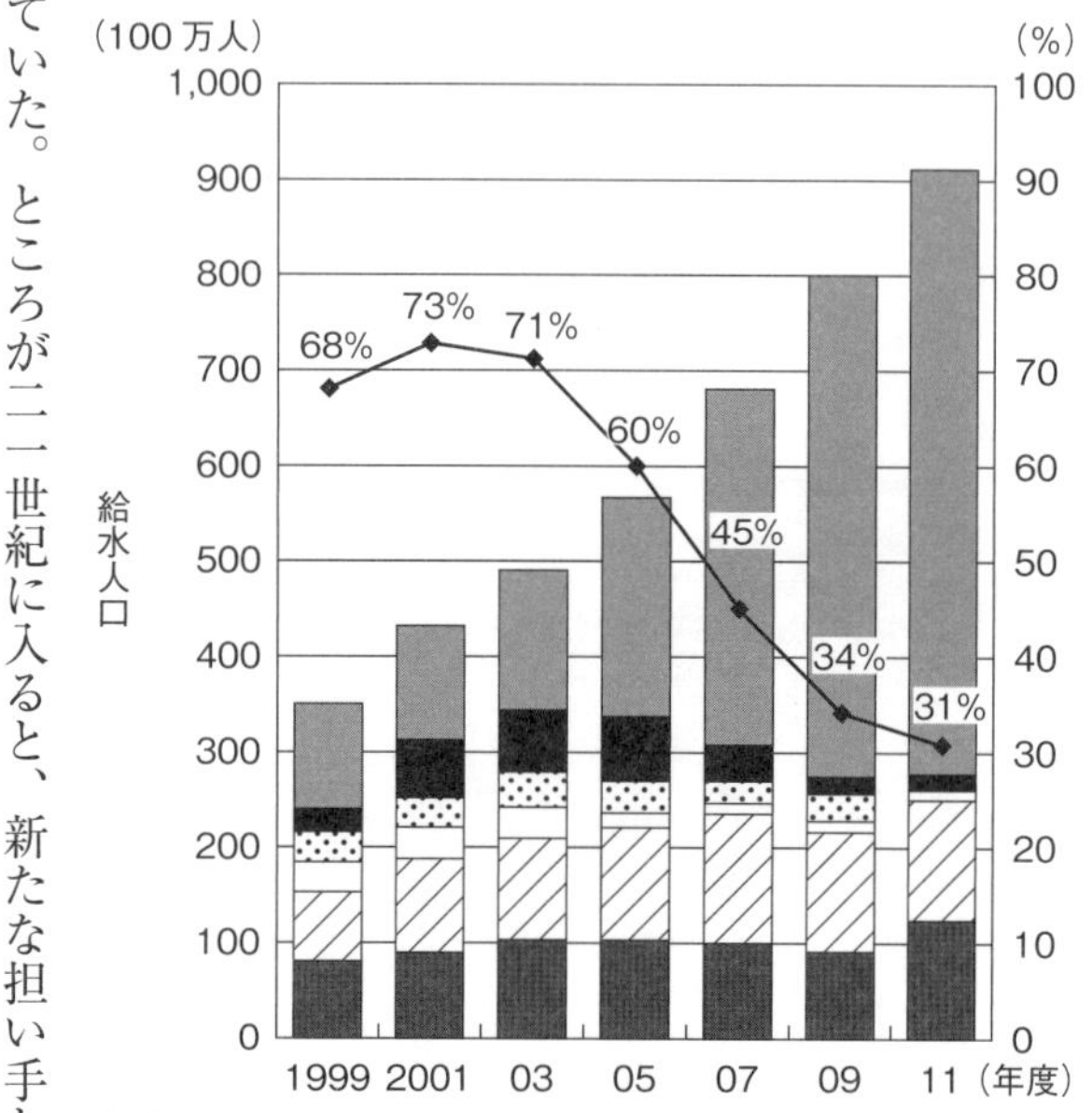

（注）スエズ社、ヴェオリア社、サウール社、アグバー社、RWE社、その他。
（出典）Pinsent Masons. “Water Year Book 2011-2012”.

者に売却するというスキームがつくられた。いずれも、これまで以上に民間投資を引きつけるために、民間事業者のリスクを低減する方針である。

水道事業を担う民間企業にも変化が現れた。二〇〇〇年までは、フランスのヴェオリア社、スエズ社、サウール社、スペインのアグバー社、ドイツのRWE社などヨーロッパの大企業が圧倒的なシェアを占めていた。ところが二一世紀に入ると、新たな担い手として、ハイフラックス社（シンガポール）(3)や斗山（ドゥサン）社（韓国）など「新興国プレーヤー」が登場する。両社とも政府の強力な支援を受けて国内の水道事業を担った後、国外へ進出している。また、国内資本の水道事業者の参入も増えた。こうして、二〇〇〇年代初めには世界市場の約七〇％を占めていた前述のヨーロッパ五社の力は急速に減退し、一一年度には三一%に落ち込んだ(図1−3)。

民営化の光と影――私たちは何を「成功」の評価指標とすべきなのか

世界銀行は二〇〇九年に、一九九〇〜〇七年に継続して五年以上実施された六五件の水道プロジェクトの経営業績について検証する調査報告書を公表した[4]。この期間に途上国や新興国で二六〇件を超える官民連携契約が締結され、一億六〇〇〇万人以上の人口に給水できたと推定されている。

報告書によれば、官民連携が順調に進んだ事例において民間事業者が最も貢献した点は、経営の効率化と給水サービスの向上である。一方で、巨額の民間資金の投資については期待はずれに終わり、都市部貧困層への給水サービスも不十分であったと分析している。民営化の失敗や課題を一定程度認めてはいるものの、その課題を克服すれば民営化はうまくいくという結論である。

だが私たちは、そもそも水道事業の「成功」とは何かを改めて問わなければならない。世界銀行は事業の評価指標として、①給水率の向上、②給水サービスの水準(給水時間や水質など)、③経営効率、④料金水準の四つを用いている。これらの指標は無意味ではないが、国際市民社会が過去の失敗事例から導き出し、提起してきた論点は、これらにとどまらない。水は自治の基本であること、民主的なガバナンス(統治)や労働者の権利、水資源の保護など、民営化には以下のような問題点があることをふまえて、評価すべきである。[5]

①水資源の保全が主要な目的とされていない。

②企業は利潤が期待できる市場にのみ参入し、貧困層への供給は主要課題とされていない。

③水道料金は値上げされる傾向が強く、支払えない世帯は供給が止められる場合も多い。

④自治体の水道関連部門で働く人びとの雇用が大幅に減らされる場合が多い。

⑤公共目的に投資されるべき収益が企業内部で別部門に再投資されたり株主に配当される。

⑥企業の多くが詳細な財務報告を公開せず、透明性に欠ける。自治体との契約内容を公開しないケースさえある。

⑦民営化のプロセスで多くの汚職が発生している。また、企業自らが引き受けるべき投資リスクが、さまざまな形で水道利用者や自治体、政府、国際金融機関などに転嫁される。

⑧民営化を実現するために国際金融機関に債務を大幅に削減させたり、多数国間投資保証機関(MIGA)に投資を保証させている。政府に利潤を保証させるケースもある。

⑨為替リスクを回避するために、政府に水道料金のドルペッグ制[6]を導入させるケースがある。

⑩企業が負担すべき建設費や運営費に補助金や税制優遇措置が採られていたり、企業側が用意すべき解雇費用まで世界銀行など国際機関が拠出するケースもある。

⑪収益が上がらなければ撤退し、投資コストと想定した利潤を取り戻すために、ISDSを用いて国際仲裁廷に政府を提訴するケースもある。

料金は大幅上昇し、情報は非開示――マニラ首都圏

これらの論点を民営化の成功の指標として用いた場合、評価は変わってくるだろう。たとえば、一九九七年に人口一〇〇〇万人という当時世界最大級の民営化が行われたマニラ首都圏（フィリピン）のケースを見てみよう。

マニラ首都圏では上下水道が未整備のまま、人口は増加の一途で、安全な水の供給が行われていないことが深刻な社会問題となっていた。しかし、水道事業を担うマニラ首都圏上下水道供給公社（一九八二年設立、以下「マニラ水道公社」）は多額の負債をかかえ、施設整備に必要とされる七〇億ペソ（約一五〇億円）の資金が捻出できない。そこでマニラ水道公社は、国際金融会社の支援を受けることにした。その条件として提示されたのが民営化である。

マニラ首都圏は東地区と西地区に二分割され、東はマニラ・ウォーター社が、西はマニラッド水道事業会社（以下「マニラッド社」）が、それぞれマニラ水道公社と二五年間のコンセッション契約を結んだ。マニラ・ウォーター社にはフィリピンの大手財閥アヤラ社、英国の水道会社ユナイテッド・ユーティリティーズ、そして日本の三菱商事が出資し、マニラッド社には、フィリピンの大手財閥ロペス系のベンプレス社と、フランスのスエズ社が出資した。

ところが、民営化直後に発生したアジア通貨危機によって、ペソの価値は半分となり、東西両社とも窮地に立たされる。マニラ・ウォーター社はかろうじて持ちこたえたが、マニラッド

社の経営は悪化の一途で、二〇〇三年に過剰債務と資金不足を理由にコンセッション契約からの撤退を表明した。その後、〇五年にマニラッド社の再建計画が立てられ、マニラ水道公社とリヨネーズ・アジア水道会社（スエズ社の子会社）が株式を保有する形で事業を継続している。

事業開始の際、マニラ・ウォーター社もマニラッド社も、給水人口の増加や給水率の上昇、貧困層向けの新規給水サービスの開始、水質の向上、無収水率（漏水や盗水によって水道料金の徴収ができない割合）の減少などの目標を掲げた。両社が貧困層の給水改善に取り組んだのは間違いない。世界銀行の報告書によると、給水人口は五年間で三〇％増加し、給水率は一九九六年の六一％から二〇〇一年には八〇％を超えた。水質も基準を上回り、給水時間も平均一七時間から二一時間へ伸び、二四時間給水地区は八〇％を超えた。

こうした成果を強調し、世界銀行や投資企業は民営化の「成功」を高く誇っている。だが、達成されなかった目標や問題点は多い。

たとえば、十分な投資がなされなかったために漏水パイプの修理は滞り、無収水率に大きな改善はない。また、事業者の収入不足を補填するために相次いで水道料金が引き上げられ、その負担に耐えられない貧困層が盗水をするという悪循環も発生している。下水道サービスについての目標も達成されていない。下水処理に料金を支払う準備のない庶民や貧困層に対して、料金徴収を前提とした民営化事業を適用したこと自体が、失敗であったと言えよう。

民営化反対の活動を続けてきたマニラ市の「人びとのための水ネットワーク（Water for the

深刻な水不足に陥り、毎日数千人が水の配給に並んだ（マニラ、2019年３月）
Ⓒ Water for the People Network（WPN）

People Network：ＷＰＮ）[7]」は、二〇年間の水道民営化の結果、①水道供給とインフラ整備に地域的な偏りがある、②マニラ水道公社は水道運営企業を適切に監督・管理できていない、③マニラ首都圏の水道料金はシンガポールやジャカルタと同様に、アジアで相当に高くなったと指摘している。

事実、民営化後の約二〇年間で五回の料金改定が行われ、東地区で八七九％、西地区で五七四％も値上がりした。市民たちの不満は、料金改定や設備投資などに関する情報の不透明性にも向けられている。料金値上げのたびに消費者団体やＮＧＯはマニラ水道公社と企業二社に説明と情報開示を求めてきたが、公の協議の場は限られており、両者とも住民の要請に応えていない。

二〇一九年三月には一部のダムの貯水量が

減少してマニラ首都圏は深刻な水不足に陥る。一〇〇万世帯に対して数か月にも及ぶ大規模な計画断水が行われ、バケツを手に給水車に並ぶ数百人の列が出現した。マニラ・ウォーター社は、水不足はエルニーニョ現象の影響だと説明する。だが、危機は事前に予測されていたほか、他のダムでは貯水量が危機的水準にまで下がってはいないため、同社の需要見通しや対策が甘かったと、人びとのための水ネットワークは批判している。彼らは次のように言う。

「企業の目的は、水を人権として提供するのではなく、市場を拡大して利益を増やすことです。民営化によって、公共の利益と福祉を守るための政府の規制権限は大きく後退させられました。水道は公的に所有され、管理されるべきです(8)」

世界水フォーラムと市民社会の攻防

二〇〇〇年代に拡大し続けた水道民営化に大きな役割を果たしたのが、「世界水フォーラム(World Water Forum：WWF)」である。「二一世紀の水問題の解決に向けて議論する」大規模な国際会議で、グローバル水企業や建設業、アグリビジネスなどの多国籍企業のシンクタンクとして一九九六年に設立された世界水会議(World Water Council：WWC)が提唱した。世界水会議は本部をフランスのマルセイユに置き、代表のルイ・フォション氏はスエズ社とヴェオリア社の子会社マルセイユ水道サービス(SEM)会長でもある。

世界水フォーラムは一九九七年にモロッコのマラケシュで第一回会合を開催して以降、三年に一度、国連が定めた「世界水の日」(三月二二日)の前後に開催されている。国連機関や政府間会合のような拘束力を持つ会議ではない。とはいえ、世界銀行などの国際機関や先進国の政府代表も多く参加し、フォーラムと並行して各国の閣僚会議が開かれて閣僚宣言も出されるなど、国際的な意思決定に少なからず影響を及ぼしている。国際市民社会の参加は表向きには認められているが、重要な方針決定には関与できない。水の権利を求める国際的運動の中心である、カナダ人評議会のモード・バーロウ氏は言う。

「世界水フォーラムは、正当な政策決定空間ではありません。世界水会議や多国籍企業の利益に資する解決策を推進する利害関係者が主催する企業見本市です[9]」

二〇〇〇年にオランダのハーグで行われた第二回会合で、世界銀行の上級幹部は「民営化に代わる選択肢はない」と主張し、民営化の拡大を改めて支持した。このとき発表された報告書「世界水ビジョン」では、「世界の水問題の解決には毎年一八〇〇億ドル(約二〇兆円)の資金が必要である。ここではＯＤＡや国際機関などの公的資金だけでは不十分で、民間資金の導入が不可欠である」として、官民連携による民営化が大々的に謳われている。

この報告書は元ＩＭＦ専務理事のミシェル・カムドシュ氏がまとめたため「カムドシュ報告」と呼ばれ、国際市民社会からは強い批判を受けた。また、この会合ではダム建設や水道民営化に異議を唱えるＮＧＯや労働組合の参加が制約され、多くの団体が非難声明を発表した。

二〇〇三年の第三回会合は京都市で開催され、対立構図がさらに鮮明となる。ここでは、水道民営化の推進を意図する分科会が数多く持たれた。全体会では水問題が深刻であるという認識は共有されたものの、解決策をめぐって推進側と反対側とが真っ向から対立。両者がそれぞれ宣言文を提出する結果となった。

この時点では、日本で水道民営化は喫緊の課題となってはいない。ただし、日本のNGOや労働組合、ダム問題に関わる運動体などが、海外から参加した数百人の市民たちとともに、民営化や大規模開発、国際金融機関の圧力やグローバル水企業の問題点を指摘し、連日デモやセミナーを開いて発信したという事実は重要である。この経験を再認識することが、いま私たちに求められている。

直近の世界水フォーラムは二〇一八年三月、ブラジルのブラジリアで開かれた。このときはブラジルの環境・人権NGOや労働組合、先住民族組織などが中心となり、「もう一つの世界水フォーラム（Fórum Alternativo Mundial da AGUA：FAMA）」[10]を開催。三〇か国以上から数千人規模の参加者があり、水道民営化反対や安全な飲料水へのアクセスの権利、生命の源としての水資源の保護について活発な議論が行われた。

二〇〇〇年代以降、多くの自治体で水道民営化が行われたブラジルでは、他の中南米諸国にもまして抵抗運動が活発だ。それは、土地なし農民運動や在来種の種子を守る運動、大規模開発や天然資源の収奪など水と密接に関わる課題への社会運動が根強いことと関係している。もう一つの世界水フォーラム組織委員会メンバーのチアゴ・アベイラ氏は、次のように述べる。

「世界水フォーラムは、世界中の人びとのニーズに対応したものではありません。民営化では常に最貧困層が排除されるからです。私たちは不公平・不平等な世界のシステムのもとで生きています。だから、地球の搾取、抑圧、そして破壊を止めるためにこのフォーラムを組織しました。水を守るための運動はその闘争の一部なのです[11]」

4 人権としての水か、新たな民営化か——二〇一〇年代の攻防

水へのアクセス権を人権として位置づけた国連決議

水道民営化を阻止し、水を公共の手に取り戻そうとする運動は、二〇一〇年代に入って大きく発展する。その最大の推進力は、一〇年七月二八日に国連総会で採択された「水と衛生に対する人権(The human right to water and sanitation)決議[12]」である。

この決議は、安全で清浄な飲料水と衛生に対する権利を、生活と人権の十分な享受のために不可欠な人権として認めた。さらに、すべての人びとにそれを提供するために、各国政府と国際機関がとくに途上国へ財源、人材開発、技術移転を提供するよう求めている。決議は途上国を中心に三三か国が共同提案し、圧倒的多数の賛成で採択された(賛成一二二か国、反対ゼロ、棄

権四一か国)。日本、米国、カナダ、英国などの先進国は棄権している(フランスやドイツは賛成)。

一九四八年に採択された世界人権宣言には、水へのアクセス権は含まれていなかった。その後、水資源の枯渇や水質汚染、貧困層の水へのアクセスの必要性、人口増加などが顕在化するなかで、水問題は国際社会の重要議題となっていく。七七年には国連水会議が開催され、九二年の地球サミットのアジェンダ21では淡水管理の重要性が指摘された。そして、二〇〇〇年の国連ミレニアム開発目標(MDGs)では、安全な飲料水を得られない人びとを半減させるなどの目標が設定される。だが、水へのアクセスを人権と規定するには至っていなかった。その意味でも一〇年の国連決議は、歴史的かつ画期的である。

さらに、国際市民社会も歓迎したこの決議から二か月後の九月三〇日、国連人権理事会は「人権および安全な飲料水と衛生に対する利用権」を決議し、政府の責任を明記した。

「政府がこれらの権利の実現に対して主な責任を有することを確認し、脆弱で取り残されているグループに特別の注意を払い、すべてのサービス供給者に効果的な規制の枠組みを採用し、違反に対する効果的な救済を確保するように勧告する。水と衛生に対する権利は他のすべての人権と同等の人権であり、司法判断に適合し、また執行可能である」(13)

もちろん、これらの国連決議は直接的に水道民営化を禁止しているわけではない。しかし、政府の義務として以下の三点を定めた。

①人権の尊重義務——政府は水と衛生の権利を妨げるいかなる行動や政策も控えなければな

らない。
②人権の保護義務――政府は第三者が水に対する人権の享受を妨害することを防ぐ義務を負い、汚染や水の破壊から地域社会を守らなければならない。
③人権の履行義務――政府は水の権利の実現に向けて追加的な措置を講じ、水が供給されていない地域に水と衛生サービスを提供しなければならない。
これらを実行するためには政府・自治体による管理・運営が必須であり、地域社会の参加と透明性、適切な規制と監視も不可欠だ。こうした政府の義務が民営化のもとで十分に実現されないことは、過去の失敗が証明している。

憲法の改正、法律の制定、司法の変化

これらの決議の実現のために粘り強い働きかけを行ってきた世界各地の水問題に関する運動の担い手たちは、決議を実体化するための行動を直ちに起こし、多くの成果を生み出していく。たとえばエクアドル、ドミニカ共和国、ボリビア、メキシコ、エチオピア、ケニア、南アフリカでは、決議に基づき水へのアクセス権を保障するための憲法改正を行った。ここで参照されたのが、二〇〇四年一〇月にウルグアイで実現した先駆的な憲法改正である[14]。

ウルグアイでは当時二つの自治体で水道民営化が実施されていたが、住民に不満が高まる一方で、IMFからはさらなる民営化の圧力がかかっていた。これに対して、自治体の水道労働

組合や環境団体が「水と生命を守る全国委員会」をつくり、広範なキャンペーンを展開する。その最大の取り組みが憲法改正だった。改正案は、「水は人権である」と規定し、「水政策の策定にあたっては、経済的利益よりも社会的配慮を優先させるべきである」「水道は政府機関が非営利目的で提供すべき公共サービスである」とし、民営化を違法とする内容も盛り込んだ。国民投票で改正案を支持した有権者は六三%にのぼった。

憲法改正には至らずとも、新たな法律や決議が制定・採択された国は多い。エルサルバドルでは二〇一二年の世界水の日に、市民主導のキャンペーンに応える形で「水への権利」を認める法律が制定された。インド政府は一五年二月、水と衛生に対する人権を遵守し、すべての人に自由な水へのアクセスを確保するという政策を宣言した。

国連決議は各国の司法判断にも影響を及ぼしていく。たとえばイスラエルでは二〇一〇年に、南部の水道アクセスがない地域に住む遊牧民が、最高裁判所に水道供給を求める訴訟を起こす。国連決議採択後の一一年に、最高裁判所は「水は憲法上、保護に値する基本的人権である」との判決を下した。そこでは、国連決議の文言がそのまま引用されている。

また、インドのボンベイ高等裁判所は二〇一四年、「人びとは憲法のもとで水を飲む権利を有しており、市政府は違法なスラム街にも水を供給する義務がある」との判決を下し、すべてのスラム街に水を供給するよう水道事業者に求めた。水道当局はその四か月後、判決を遵守する計画を発表した。一五年六月にはフランスで、水道料金の支払いができない人びとへの供給を停止することは「違憲」であるという判決が下された。

第2章で論じられる水道再公営化は、こうした一連の流れの発展として位置づけられるだろう。重要なのは、水道問題は地域コミュニティが核となるべきだという点である。ここで参考になる組織が、モード・バーロウ氏(三三ページ参照)が中心となる国際的なネットワーク運動の「ブルー・コミュニティ・プロジェクト」[15]だ。

自治体の議会で、①水と衛生を人権として認める、②自治体の施設・イベントでペットボトル飲料水の販売を禁止または段階的に廃止する、③自治体が資金を拠出し、所有し、運営する上下水道サービスを促進するという三つを採択すれば、どんな自治体でもこのコミュニティの一員となれる。カナダで二五自治体、ヨーロッパはじめ各国で二七自治体が加わっている。日本の自治体はまだ加盟していないが、この三つを満たせば、もちろん参加できる。

企業・政府・国際機関との攻防は続く

国際市民社会が大きな成果を勝ち取ってきた一方で、人びとと企業・国際機関との攻防は現在も終わらない。むしろ、事態はより複雑となり、私たちはこれまで以上のビジョンと戦略を求められている。

国連決議があるにもかかわらず、水と衛生に対する人権の実現がなかなか進まない背景にはいくつかの理由がある。第一は、水は人権であるという考え方が各国政府の優先事項となっていないばかりか、それに逆行するような政策が横行しているからだ。

たとえば、メキシコは憲法改正をして水へのアクセス権を認めたが、政府は大規模開発を進め、環境破壊や水源汚染の事例は後を絶たない。当然、人びとはこれを非難している。しかし、政府は「水へのアクセス権を促進するためにも、大規模ダムは必要である。多くの人に水を届けるためには大規模インフラが必要だ」と主張する。また、オーストラリア政府は、北部にある二〇〇もの先住民族コミュニティへの水道供給を中止すると発表した。これは水へのアクセスを絶つだけでなく、先住民族に移住を強制し、文化的な権利を侵害する。

こうした問題の根本には、大規模開発や土地の収奪、工業型農業など、既存の経済発展モデルを前提とした政策がある。グローバル経済のあり方そのものを変えていかないかぎり、水道を含む公共サービス市場化の流れは止められない。

第二は、いまも変わることのない国際機関、なかでも国連や世界銀行にグローバル水企業が及ぼす影響力の大きさである。

一九九〇年代以降の水道民営化の歴史は、グローバル水企業が世界の市場で自由を謳歌してきた歴史である。グローバル企業は、世界中にサプライチェーン(製品やサービスが原料の段階から消費者に届くまでのプロセス)を張り巡らせて利益を最大化する過程で、各国の規制を弱体化させてきた。同時に、その資金力と人脈を駆使し、重要テーマの議論に影響を与え、ときには課題そのものを取り込んでいく。

たとえば、二〇〇七年七月に発足した「ＣＥＯウォーター・マンデート」[16]は、企業に対して環境保全や人権保護の遵守を求める国連グローバル・コンパクトに基づいてつくられた組織だ。ところが、参加企業の多くは、スエズ社、ネスレ社、コカ・コーラ社、ペプシコ社、ダウ・ケミカル社など、水の民営化と商品化、水質汚染に関して国際市民社会から痛烈に批判される存在である。こうした企業が利益を抑制し、自らの行動をしばるルールをつくることが、本当に可能だろうか？

ニューヨークを拠点とする独立系シンクタンクであるグローバル・ポリシー・フォーラムは、グローバル企業は国際的なガバナンス、とくに国連への影響力を年々増していると報告している[17]。とくに、二〇一五年の「持続可能な開発目標（ＳＤＧｓ）」の決定などにおける影響は著しい。

「多国間の意思決定の場において、グローバル企業は意思決定者への特権的なアクセスを認められており、企業に対する法的拘束力のある手段を求める声が高まるにつれて、彼らの関与はより大きなものになっている」（グローバル・ポリシー・フォーラム）

また、国連の監視機関である国連合同監査団は、「一部の大企業は、国連の価値観や原則に従わずに、自らの事業のために国連ブランドを利用して官民パートナーシップを拡大している」と警告し、国連総会に対してこれらの動きを規制するよう求めた[18]。

各国に水道民営化を促してきた最大の国際機関である世界銀行も、グローバル水企業からの影響を受けつつ民営化を推進し続けている。途上国での民営化案件を実現するために、民間企業にこれまで以上に多くの資金を提供しているのだ。

現在は、水危機に対して市場ベースによる解決策を推進する「二〇三〇年水資源グループ[19]」を通じて政策を実行している。二〇一七年時点での同グループの議長は、ネスレの元CEO（最高経営責任者）ピーター・ブラベック－レッツマット氏だ。かつて人権としての水という概念について「極端すぎる」と評したことで猛抗議を受けた人物である。その後、最貧困層への水の確保の必要性は認めたものの、以下のように語っている。

「私たちが飲んだり洗濯する水の一・五％を人権のための水にすればよい。でも、残りの九八・五％の水市場は私に与えてください。それは皆さんが持てる最良の指針となるでしょう。なぜなら、市場の力があれば投資が行われるからです[20]」（『ウォール・ストリート・ジャーナル』でのインタビュー）

欧州債務危機後に起きた民営化の波と水道メーター設置阻止運動

さらに近年、世界は新たな民営化の波を目の当たりにしている。かつて途上国の貧困層にとっての脅威だった水道民営化が、先進国である欧米諸国を襲っているのだ（第2章3参照）。なかでも、二〇一〇年の欧州債務危機で打撃を受けたギリシャ、ポルトガル、アイルランドなどヨーロッパの「南の国々」で民営化が強要されている。

欧州債務危機への対応として欧州委員会（ＥＵの政策執行機関）、欧州中央銀行、ＩＭＦの三者はいわゆる「トロイカ体制」（三つの主体が共同して組織を運営する方式）を敷き、ギリシャなどの債務国へ緊縮財政を基本とする財政再建計画を要求してきた。そこには、水道を含む多くの公共サービスの民営化が含まれる。

トロイカ体制は、ギリシャの全地方政府に対して大規模な民営化を要求している。とくに、アテネ市やテッサロニキ市など、人口が多く安定的な事業経営が見込める自治体の水道公社が標的とされた。途上国で市場を失いつつあるフランスの水企業はギリシャへの投資に強い関心を示し、フランス政府もそれを後押しする。ギリシャの民営化のゆくえは予断を許さない状況で、ヨーロッパ各国に広がる市民運動ネットワーク「欧州水運動」[21]は欧州委員会や企業の動きを監視している。

欧州債務危機の結果、ＥＵ全体の不良債権の四二％をかかえたアイルランドにも、トロイカ体制は民営化を強要してきた。政府は三〇〇億ユーロ（約三・七兆円）の節約をめざし、広範囲に及ぶ緊縮財政政策を打ち出すことを受け入れる。その最大の取り組みが水道システムの再編である。三七の自治体が担ってきた水道事業はアイルランド・ウォーター・カンパニーという公営企業（水道公社）に統合され、外国からの投資を呼び込む方針が取られた。

実はアイルランドには、私たちが当たり前のように使う家庭用水道メーターがない。水道料金は一般税として徴収されるため、使用分の水道料金を支払う仕組みが存在しないのだ。型破

緊縮財政の一環として強いられる水道民営化に反対する20万人規模のデモ（ダブリン）。水道の蛇口を模した帽子をかぶってアピール
Ⓒ Yorgos Avgeropoulos

りな制度であるが、そのおかげでアイルランドは経済協力開発機構（OECD）諸国で唯一「水の貧困（水の欠乏状態）」にある人がゼロという成果を誇ってきた。

だが、水道公社の設立にともなって、水道メーターの検針に基づく料金制度（メーター制）の導入が決定する。水道公社は住民の敷地内に次々とメーターを設置し始めたが、住民たちは実力で阻止した。債務危機以降、トロイカ体制の要請によって多くの公共部門が切り捨てられてきたことに不満を抱く国民にとって、メーター設置は自治や主権を踏みにじられる象徴的な出来事だったのだ。

メーター設置阻止運動は全国に広がり、二〇一四年一一月には首都ダブリンでメーター制に反対する二〇万人規模のデモが行われた。人びとは、水道公社の設立とメーター制の導入は完全民営化につながる道であると警戒している。七三％の国民が新たな水道料金システムのもとでの支払いを拒絶した。それでも、政府はメーター制を断念せず、外資の投資拡大の道も探っている。水道民営化の反対運動「水への権利・アイルランド（Right2Water Ireland）」のブレンダン・オーグル氏は、反対運動は自治と公共性を取り戻す闘いであると語る。

「大きなことが起きていると感じました。一番の問題は水道でしたが、人びとの怒りはそれだけではありません。緊縮財政の押し付けと自治の放棄、一握りの者だけが富を手にするシステムに対して、ヨーロッパ中が『もうたくさんだ』と叫んでいます。私たちは公共性を取り戻さなければなりません[22]」

5 水は自治の基本である

三〇年間にわたって各国で進められてきた民営化に抵抗する人びとの経験から、いま私たちは何を学び取ることできるだろうか。

国際機関やグローバル水企業が一九九〇年代以降に進めた途上国での大規模な民営化は、決して「万能薬」ではなかった。多くの国で給水人口が増加し、水道にアクセスできなかった人たちに一定の「恩恵」をもたらしたことは事実である。だが、失敗の事例も多く、いまも貧しいというだけの理由で、水へのアクセスを得られない貧困層は数億人単位で存在する。

そもそも、グローバル水企業や援助機関からの投融資による水道インフラの整備とその運営が、人びとが求める水道の姿なのだろうか。人びとは単に援助の「受益者」や「消費者」ではなく、地域コミュニティの一員であり、主権者である。水は自治の基本であるという意味で、住民による管理や住民参画による水道政策の決定が、成功の指標となるべきだ。

民営化に抵抗してきた人びとは、水を経済財としてではなく、人権として捉えてきた。国連の「水と衛生に対する人権」決議の採択は、その主張の正当性を裏付ける。日本国憲法第二五条は、「健康で文化的な最低限度の生活を営む権利」を実現するために、国は「社会福祉、社会保障及び公衆衛生の向上及び増進に努めなければならない」と規定している。水は公衆衛生の最も基本的な条件である。私たちは国連決議とともに憲法第二五条を実体化させねばならない。

多くの国での水道民営化との闘いは、干ばつや水不足、気候変動など悪化する自然環境への対応策としても機能してきた。それは、持続的な農業や漁業、森林の保護と発展、土地収奪やアグリビジネスの支配、女性や先住民族の人権、労働者の権利など実に多くの課題を結びつけ、多様な人びとの参加を得ながら、既存の経済モデルからの変革を提起している。

世界で最後の「民営化の波」が訪れている国の一つが現在の日本であることは間違いない。

途上国では、自治体・政府の財政難や公共部門の「非効率性」などが民営化推進の根拠とされてきた。時代や各地の事情は違うが、日本における民営化推進の言説はかつてのそれと酷似している。また、実行されなかった投資や自治体による管理・モニタリングの限界、情報の非開示、企業との契約をめぐる紛争など過去の事例は、日本の民営化をめぐる議論と動きに多くの示唆を与える。

人口減少や地方の財政難など課題はある。しかし、日本の水道は「民間資本に頼るしか道がない」のだろうか？　政府予算の組み換えや、自治体への支援策、住民参加による意思決定や非営利法人の事業参画など、もっと知恵を出し合えるのではないか（第5章、エピローグ参照）。自治体や住民自身が創造的なプランを生み出せるかどうかが、私たちに問われている。

（1）先進国よりも経済水準は低いが、将来的に高い成長可能性を持つ国々。中南米、東南アジア、中東、東欧などの国々を指す。ブラジル、ロシア、インド、中国のＢＲＩＣｓをはじめ、ＶＩＳＴＡ（ベトナム、インドネシア、南アフリカ、トルコ、アルゼンチン）やネクスト11（ベトナム、韓国、インドネシア、フィリピン、バングラデシュ、パキスタン、イラン、エジプト、トルコ、ナイジェリア、メキシコ）などが挙げられる。

（2）https://openknowledge.worldbank.org/bitstream/handle/10986/5975/9780195208764_ch05.pdf?sequence=17&isAllowed=y

（3）二〇一八年一〇月に倒産した。中東など海外で事業展開してきたが、多額の借り入れに依存する成長モデルに無理があり、急速に資金難に陥ったのだ。その後、インドネシアの大手財閥サリム・グループなどが買収して救済する提案をしている。ハイフラックス社への投資家は三万人にも及ぶというが、再建の目途は立っていない。

（4）Marin, Philippe. *Public-Private Partnerships For Urban Water Utilities: A Review of Experiences In Developing Countries.* Trends and Policy Options; No. 8, World Bank, 2009. from http://hdl.handle.net/10986/2703. フィリップ・マリン著、齋藤博康訳『都市水道事業の官民連携——途上国における経験を検証する』日本水道新聞社、二〇一二年。

（5）佐久間智子「水の商品化・民営化　第三回世界水フォーラム—水の民営化を巡る市民の視点—」http://www.jacses.org/sdap/water/report01.html

（6）自国通貨を米ドルに連動させ、米ドルの為替レートを一定割合で保つようにする仕組み。

（7）公式ウェブサイト：https://waterforthepeople.wordpress.com/

（8）「消費者福祉月間にあたって：マニラ公社二〇年の民営化、人びとの水への権利が侵害されてきた二〇年」https:waterforthepeople.wordpress.com/2017/10/06/on-consumer-welfare-month-20-years-of-mwss-privatization-20-years-of-violating-the-peoples-right-to-water/

（9）Barlow, Maude. "Water Justice Groups Denounce World Water Forum's 'Citizen's Process.'" *The Council of Canadians*, 25 Apr. 2017, from canadians.org/blog/water-justice-groups-denounce-world-water-forums-citizens-process.

（10）公式ウェブサイト：http://fama2018.org/

（11）ＦＡＭＡのビデオクリップでの発言　https://www.youtube.com/watch?v=7lE0aHrrFZs

（12）https://www.un.org/en/ga/search/view_doc.asp?symbol=A/RES/64/292

(13) https://www.unic.or.jp/files/a_hrc_res_15_9.pdf
(14) Hall, David, et al. "Making Water Privatisation Illegal: New Laws in Netherlands and Uruguay." *Public Services International Research Unit*（*PSIRU*）, 31 Nov. 2004, from gala.gre.ac.uk/id/eprint/3769/1/PSIRU_9343_-_2004-11-W-crim.pdf,（accessed 2019-06-18）. Jara, Mariel. "Water in Uruguay: New Challenges." *Public Services International*, 21 Oct. 2014, from www.world-psi.org/en/water-uruguay-new-challenges.
(15) 公式ウェブサイト：http://www.blueplanetproject.net/index.php/home/water-movements/the-blue-communities-project/
(16) 公式ウェブサイト：https://ceowatermandate.org/
(17) https://www.globalpolicy.org/corporate-influence/52644-gpf-analysis-on-corporate-influence.html
(18) Russell, George. "UN's Watchdog Says the General Assembly Needs to Rein in 'Self-Expanded' Global Compact Initiative." Global Policy Forum, 15 Mar. 2011, from www.globalpolicy.org/un-reform/business-9-26/49971-uns-watchdog-says-the-general-assembly-needs-to-rein-in-self-expanded-global-compact-initiative.html.
(19) https://www.2030wrg.org/
(20) "Can the World Still Feed Itself? Yes, Says Nestle's Chairman Peter Brabeck-Letmathe, but Not If We Burn Food for Fuel, Fear Genetic Advances and Fail to Charge for Water." *Wall Street Journal*, 3 Sept. 2011.
(21) 公式ウェブサイト：http://europeanwater.org/
(22) ヨルゴス・アヴゲロプロス監督、アジア太平洋資料センター訳『最後の一滴まで――ヨーロッパの隠された水戦争』アジア太平洋資料センター、二〇一八年。

第2章 公共サービスの再公営化が世界のトレンド

岸本聡子

2019年３月７日にパリ市庁で行われたオー・ド・パリ
10周年記念シンポジウム。右から５人目が筆者

❶ 民営化は失敗だった●パリ市（フランス）

民営化による多くの問題

パリ市の水道事業は保守系のジャック・ルネ・シラク市長のもとで一九八五年に民営化され、世界の水道サービス事業を先導するグローバル水企業のヴェオリア社とスエズ社がコンセッション方式で運営してきた。水源から取水し、浄水場を経て配水池までの送・配水業務については両社の資本が入った水道公社オー・ド・パリ（パリの水）が行い、各家庭への給水業務に関してはセーヌ川右岸がヴェオリア社に、左岸がスエズ社に委託されたのだ。両社はまた、料金徴収を行う子会社ＧＩＥを合同で設立した。

一九八七年には、ヴェオリア社とスエズ社の財務やサービスの質などをチェックし、取水や送・配水も行うＳＡＧＥＰ（Société anonyme de gestion des eaux de Paris）社をパリ市が設立する。しかし、株式の一四％を両社が保有していたため、独立性が疑問とされた。そこで、パリ市はＳＡＧＥＰ社と契約を結ぶ一方で、直轄で水質管理を行う行政組織を設ける。その結果、一九八五年に二二％もあった漏水率は二〇〇三年には一七％に、さらに両社とパリ市の熾烈な契約再交渉のなかで、〇九年には三・五%にまで下がった。だが一方で、民営化後に水道料金は二六五%も上昇する。この間のインフレ率は七〇・五%である。

こうした複雑な組織形態のもとで、パリ市はしだいに水道供給の技術や経験を失い、事業に関する情報を得るためにヴェオリア社とスエズ社に全面的に依存せざるを得なくなった。典型的な方法であるが、両社は多くの部門を自社のグループ企業に下請けさせていく。その際に競争入札は行われないので、契約金を高く設定できる。そのコストは水道料金に反映されるが、両社にとっては都合が良い。これは、公共サービスの供給を包括的に一〜二社が請け負うPPP(官民連携)で起きる典型的な問題である。

また、パリ市とヴェオリア社・スエズ社との契約期間は二五年間。契約期間が長いのはコンセッション方式の特徴である。この間の経営は不透明で、市議会が運営や経営の情報を両社から得ようとしても非常に難しかったという。

水道の公的管理を取り戻す

二〇〇一年のパリ市長選挙に立候補したベルトラン・ドラノエ氏は公約で、水道を公営に戻すことを掲げた。就任後は再公営化に向けた調査を開始し、緑の党から市会議員に当選したアン・ル・ストラ氏をSAGEP社の最高責任者に任命する。公営企業のトップが政治家(政治任命)であるケースは、フランスでは一般的である。市政に責任ある人物が運営に直接参画できるのは望ましい。ドラノエ氏とストラ氏は、公共財である水道は自治体が管理・運営しなければならないという信念のもとで、再公営化の準備を数年かけて行った。

ストラ氏は当時の水道事業の財政が「完全に不透明である」と指摘し、再公営化へ重要なリーダーシップを発揮した。調査の結果、利益が過少報告されていたことが判明したという。七%と報告されていた営業利益は、実際には一五〜二〇%もあった。水道に関する専門の職員も部署も失った行政や議会は、ヴェオリア社とスエズ社の正確な利益率を知ることさえできなかったのだ。

その後、契約途中でパリ市が民営化契約を破棄した場合における法的・財政的・技術的・人事面の調査が行われ、二〇〇九年末の契約満了時に再契約を結ばない手法が最善であるという結論に至った。理由は違約金が発生しないからである。これを受けて、〇七年に市議会の決定でヴェオリア社とスエズ社が保有するＳＡＧＥＰ社の株を売却させ、料金徴収を行う子会社ＧＩＥを廃止する。この結果かなりの支出が削減された。取水、浄水、配水、料金徴収、監督、上水道と下水道、セーヌ川右岸と左岸に分割された事業を統合し、パリ市が一貫して供給するほうが効率的であることが明確となったわけである。

こうして二〇〇八年一一月、パリ市議会はヴェオリア社とスエズ社に対して水道サービス契約を更新しないことと、水源から家庭への給水までを包括する水道公社オー・ド・パリを一〇〇%公営で一〇年一月に設立することを決定する。独自の予算を持ち、オー・ド・パリは目的と計画を明確にした事業契約をパリ市と結び、定期的に市の監査を受ける公営事業体である。民間の株主は存在しない。ストラ氏は一四年四月まで、その最高責任者として手腕をふるった。

この再公営化の理由は、ヴェオリア社とスエズ社の水道供給の質に対する不満ではなく、水道の公的管理を取り戻すという動機が大きかった。同時に、両社が本社を置くパリ市で契約を更新できなかったことは、再公営化が世界各地で進む状況を象徴する出来事と言える。

ただし、オー・ド・パリが水道供給を開始するまでの一四カ月間は、さまざまな困難に直面した。最大の課題は、ＩＴシステムの移行と労働者の移籍である。

民間企業によって開発されたメーター計測や料金徴収などを含むＩＴシステムは、ヴェオリア社とスエズ社の商業戦略に連結し、パリ市のＩＴシステムとの互換性がない。パリ市はその再構築に苦戦を強いられたが、二〇〇〇年に再公営化を果たしたグルノーブル市（人口一六万人）の協力を得てこの困難を乗り切ることができた。

また、オー・ド・パリへ移籍した水道労働者は、ヴェオリア社とスエズ社の二二八人を含む六四二人である。ただし、これまでの複雑な経緯があり、一五の労働組合に分かれていたため、組合間の対立が再公営化の遅れをもたらした。一方もともとの両社の社員は、オー・ド・パリに移籍するか両社に残るかの選択肢を与えられた。その結果、スエズ社のマネージャーは一人もオー・ド・パリに移籍しなかったという。

環境保全を重視した公共政策

二〇一〇年一月一日、オー・ド・パリは二五年間の民営化を終了し、新しいスタートを切る。一九年三月七日には設立一〇周年を祝い、フランス内外から五〇〇人の関係者が集まってシンポジウムを行った(中扉写真)。市民参画、気候変動、公共財、人権と水など、公共水道の担い手としての新たな挑戦が中心テーマである。最高責任者(CEO)であるセリア・ブラウエル副市長は、こう挨拶した。

「オー・ド・パリの株主は、すべてのパリ市民です」

現在、オー・ド・パリの公営水道運営が世界的に注目されている理由は、効率的な運営を前提としつつも、社会正義と環境保全への信念をもって常に改革に挑戦する姿勢である。まず、主要なデータを紹介しよう。

一億七〇〇〇万㎥の飲料水を近郊地域を含む三〇〇万人に供給する。契約件数は九万三〇〇〇件(アパート群が契約主体になるので数は少ない)。九一四人のスタッフ(労働者)は五地域、一二部署に分かれ、六〇の職種に従事する。職種は下水場、浄水場、土木、機械、電気、広報、国際、環境、生態系、水質管理などだ。六浄水場、五貯水池、四七〇キロの水道網を所有し、これらを管理・運営する。清掃や公園の散水に使われる非飲料用の水道管の管理も行う。さらに、公園や緑地帯の噴水一〇〇〇か所、水道給水スタンド一二〇〇か所も管理・運営する。

一貫性がある組織として再スタートしたオー・ド・パリは、公営事業体として水源保全や各種サービスのデジタル化調査を行うとともに、水道水は安全で美味しいという啓発キャンペーンも開始した。パリ市民に根強い「六か月以下の乳幼児には水道水を飲ませてはいけない」という考え方を覆し、ペットボトルの水より安全であると訴えたのだ。

二〇一〇年はＩＴシステムの再構築や労働者の移行関連など再公営化のためにかなりの費用がかさんだにもかかわらず、前年より三五〇〇万ユーロ（約四一億円）のコスト削減に成功し、一一年には水道料金を〇九年より八％下げることができた。その主な理由は、次の三つである。①組織の簡略化と最適化の実行、②株主配当や役員報酬の支払いが不要、③収益を親会社に還元する必要がない。

また、二〇一三年に行われた再公営化後初めての外部監査（フランス地方裁判所監査院）では、政策と事業実績の両面で高い評価を得た。一七年六月には、国連の「国連公共サービス賞」を「透明性、説明責任、整合性ある公共事業」部門で受賞している。

二〇一八年九月にはベンジャミン・ガスティン業務部長が来日し、現在の取り組みを詳しく紹介した。

「料金値下げをしながら、多額の投資を続けていることが高く評価されています。施設整備に年間七五〇〇万ユーロ（約九二億円）を投資し、その七五％が自己資金です。そして、さまざまな領域における公共政策への貢献を企業倫理の中心に据え、長期的な人材や環境保全への投資を戦略的に行ってきました。公共政策は洪水管理、生物多様性、持続可能な農業、持続可能な地域開発、循環型経済、食料の地産地消など。浄水場の屋根には広大なソーラーパネルを設置し、使用するエネルギーをすべてまかなう計画です。国際的には、持続可能な開発目標（SDGs）や気候変動を抑制するパリ協定への貢献を重視しています」

オー・ド・パリは「環境都市」として野心的な目標を持つ。すでに、長期的な水源の汚染対策と保全に着手している。水源地近くの農家と協力して、有機農業もしくは減農薬農業への転換を支援することで水源の汚染を食い止める試みだ。二〇一二年から農家との提携を強化し、アグロエコロジー（工業化された農業とは異なり、生態系を守るエコロジーの原則を適用した農業）を推進する協定を結んでいる。民間企業は年単位の短期的な利益を命題とするため、水源地対策の優先順位は最も低くなる。これは、各国でほぼ例外なく放置されている課題である。

最近では、水道水に重曹とクエン酸を投入した炭酸水の給水スタンド設置のニュースが話題となった。これは、参加型民主主義を進めるパリ市の政策と関連していて興味深い。パリ市では二〇一四年から、投資予算の一部（五％）を市民参加型予算に割り当てる取り組みが始まっている。市民参加型予算は自治体の予算配分の一部を市民が決定する制度で、ブラジルのポルトアレグレ市で一九八九年に始まり、世界各地に広がった。参加民主主義の一つの方法である。

市民からは、飲料水給水スタンドの増設に加えて、住宅、環境、交通、連帯（ホームレス支援）に関連する提案がなされた。結局、市民の投票を経て四〇の飲料水給水スタンドの設置が決まり、配分された予算は二〇〇万ユーロ(約二・五億円)である。

二〇一五年の市民参加型予算総額は七五〇〇万ユーロ(約九二億円)で、一六年には提案数と投票者数で世界最大規模となった。飲料水給水スタンド(現在一二〇〇か所)の設置は、環境負荷が高いペットボトルの使用量と廃棄量を減らす。また、市内の至るところにある一〇〇〇か所の公共噴水も、オー・ド・パリが管轄する大事な施設だ。この二つから得られる飲料水や生活用水は路上生活者や難民にとって大切な命綱であり、彼らが水を得る権利を守っている。

水道アクセスという社会正義の実行者

パリ市では再公営化に先駆けて二〇〇六年に、市民の水行政への参画を促進するための組織として、パリ水オブザバトリー(観測所という意味、以下「水オブザバトリー」)を設置した。パリ市の水道事業や水問題について議論するフォーラムで、市の予算で運営される。

水オブザバトリーは市民参画や利用者の関与を重視する常設の組織として、オー・ド・パリの企業ガバナンスに組み込まれている。オー・ド・パリは水オブザバトリーに対して、すべての財務、技術、投資計画、政策を定期的に公開し、経営陣と代表の市議は全体集会に参加する。オー・ド・パリの内部データベースにもアクセスでき、利用者と公営事業体をつなぐチャンネルとして機能している。こうした仕組みによってオー・ド・パリは専門性や情報の独占を排し、市民に開かれた運営をめざしているのである。

オー・ド・パリの最高意思決定機関である統治評議会は市議一三名、労働者代表二名、三つの市民組織（環境団体、消費者団体、水オブザバトリー）の代表三名、経営幹部二名で構成されている。さらに、投票権のない科学者と参加型民主主義の専門家が加わる。したがって、水オブザバトリーでの議論や提案は統治評議会を通じてオー・ド・パリの決定に反映される。前述の飲料水給水スタンドの予算は、この統治評議会で提案された。参加型統治とも言われるこの仕組みは、再公営化したグルノーブル市やモンペリエ市（人口約二九万人）でも導入されたほか、他の国々の公営水道運営にも影響を与えている。

一〇周年記念シンポジウムでオー・ド・パリは、今後もパリ市に住むすべての人びとに水道の供給を効果的に行うという最大の使命を再確認した。高質なインフラに支えられ、その維持と近代化を図りつつ、水道料金は一㎥一ユーロで、パリ市を含むイル＝ド＝フランス地域圏（フランス人口の一八％）で最も安い。そして、公共水道は誰にも開かれた水道アクセスを担保するという社会正義の実行者でなくてはならないと明言する。そのためにも飲料水給水スタンドは重要な施策である。

社会正義を実現するための取り組みは、これだけにとどまらない。たとえば、住宅連帯ファンドに年間五〇万ユーロ（約六二〇〇億円）を拠出し、水道料金（平均年間三〇〇ユーロ（約三万七〇〇〇円））の支払いが困難な五四〇〇世帯の料金の三分の一を負担している。

こうしてパリ市は、公共サービスや公営企業が非効率で硬直しているというイメージを塗り替え、公営企業がリーダーシップを取れることを実践で示した。公共の利益や福祉の増進が目的である公営企業だからこそ、野心的な社会目標・環境的目標を追求できる戦略的な存在となり得ることを、分かりやすく証明したのである。

2 市民参画を求める再公営化運動●バルセロナ市（スペイン）

民営水道の長い歴史

スペイン（人口約四七〇〇万人）では公営水道と民営水道の事業シェア（契約数）が五四％対四六％（民営三三％、官民連携一三％）と拮抗しており、水道事業をどのように運営するかは政治的にホットな課題の一つである。人口では五七％が民営水道の供給を受けている。他の国と同じように、民間企業は給水人口の多い大・中都市を好むため、事業シェアに比して給水人口が多くなる。民営化の歴史と経験が長い分、市民の対抗運動も広く強い。

バルセロナ市（人口約一六〇万人）では近代水道が誕生した一八六七年に、市議会が水道施設の運営権（コンセッション）を民間企業に譲与した。以後一五〇年以上、ほぼ一貫して民営である。フランコ独裁政権下では、パリ市を拠点とするSGAB社（Sociedad General de Aguas de Barcelona)が一九五三年に、一〇〇キロの水道管の九九年間の運営権を得る。同社は七五年にアグバーグループに買収され、七九年には後にスエズ社となるリヨネーズ・デゾー社がアグバー社の筆頭株主となった。

現在、民間水道企業の最大手はスエズ社の子会社で、バルセロナ市に本社があるアグバー社(Aguas de Barcelonar : AGBAR)だ。上水部門は一三〇〇万人の顧客を持つ。バルセロナ市を州都とするカタロニア州は、民営水道の比率とアグバー社の独占率が高い。人口約七〇〇万人の八四%を民営水道がカバーし、五六〇万人(七〇%)がアグバー社から水を供給されている。

会計監査院のデータによると、カタロニア州の民営水道の料金は公営水道より二五%高い。また、中・小都市では民営水道のほうが二二%高いのに、平均して事業の質は悪いという[1]。そして、バルセロナ市と周辺の合計三六自治体で構成するバルセロナ首都圏の水道料金は、近隣の公営水道の自治体より九二%も高い(「水は命市民連合(Platform Aigua és Vida:AeV)」の調査)。

バルセロナ市会議員のエロア・バディア氏(六九ページ参照)によると、再公営化すれば、企業報酬の二九〇〇万ユーロ(約三五億円)とアグバー社がスエズ社に支払う「専門情報使用料」の九七〇万ユーロ(約一二億円)が節約できるため、水道料金は一〇%下げられるという。

「民間企業への不必要な支払いを止めれば、社会的に許容できる水道料金が実現できます。二〇〇六〜一六年で、水道料金は八五%も値上がりしました。経済危機下で多くの人が水道料金を支払えず、カタロニア州では一四年だけで人口の一・七%にあたる約一二万人が水道の供給

を停止されたのです。こうした結果は受け入れられません」(バディア氏)

しかし、長年の民営化を通じて既得権益化し、強大な経済力と政治的影響力を行使し続けるアグバー社が存在する以上、再公営化の実現は長く複雑な闘いになる。

一方で二〇一〇年に、バルセロナ首都圏の水道供給体制を変えることになる裁判の判決が下る。漏水によって過剰な料金請求を受けた市民が、アグバーグループの一員であるSGAB社を相手に起こした裁判である。判決は次のように述べた。

「SGAB社がバルセロナ市民に水道料金を請求するのは違法である。なぜなら、合法なコンセッション契約が存在しないからである[2]」

判決によると、バルセロナ首都圏の六自治体はアグバー社との契約書を交わしていたが、バルセロナ市を含む一七自治体との間には法的なコンセッションの契約書が存在しなかった。

この判決は、SGAB社よりも、むしろバルセロナ首都圏の行政に大きな打撃を与える。曖昧であったコンセッション契約の法律面を早急に整える必要に迫られた行政は、新たにABEM社を二〇一二年に設立した。バルセロナ首都圏議会(州議会や市議会と別に存在する)が一五%、SGAB社が八五%の株式を持つ合弁会社である。ABEM社はバルセロナ市を含む二三自治体の上水供給とバルセロナ首都圏三六自治体の下水処理を担うことになった。契約期間は二〇四七年までの三五年間である。

バルセロナ首都圏議会はABEM社に毎年、一五〇〇万ユーロ(約一八億円)の運営費を支払う。そして、株主として利益の一五％を受け取る。ＡＢＥＭ社の二〇一七年の利益は二八四九万ユーロ（約三五億円）にも及ぶ。

ＡＢＥＭ社とバルセロナ首都圏の契約は、市民団体だけでなく競合企業からも批判されている。というのも、スペインの法律が定める公開入札を経ずに締結されたからだ。競合企業は裁判を起こし、カタロニア州最高裁判所は二〇一六年に、ＡＢＥＭ社との契約は無効であるという判決を言い渡した。アグバー社はそれを不服としてスペイン最高裁判所へ上告し、判決はまだ下されていない。

再公営化を求める運動とバルセロナコモンズ

カタロニア州では二〇〇〇年ごろから、民営水道に対抗する粘り強い草の根の市民運動が続いてきた。不透明な契約問題にいち早く警鐘を鳴らし、情報収集を重ねてきたのは、ＮＧＯの「国境なき技術団カタルーニャ（Ingenierta sin Fronteras Catalunia）」や「バルセロナ地域自治協会（Federació d'Associacions de Veinsi Veines de Barceirna：ＦＡＶＢ）」の若手活動家・研究者たちである。脱民営化（再公営化）を求める運動は多くのグループや市民を巻き込み、二〇一一年に「水は命市民連合」が誕生した。水は命市民連合は、世論調査によると七五〜八〇％のバルセロナ市民が再公営化を支持していると主張する。

二〇一五年の地方選挙では、反緊縮財政を掲げて若者から支持される左派政党ポデモスと、その支持を受けた地域政党が各地で躍進した。とくに、首都マドリード市とバルセロナ市における左派連合の勝利は注目に値する。バルセロナ市では草の根市民政党バルセロナコモンズに結集し、一一議席を獲得して市議会の第一党となった。選挙では「水は人権であり、基本的なニーズである。だから、公共財として公的な民主的管理のもとにおかれるべきだ」として、水道の再公営化を選挙公約に掲げた。

バルセロナコモンズは草の根・参加型民主主義を体現する、まったく新しいタイプの政党である。組織と政治手法の民主化を中心課題におき、議会を根本から変えていこうとしている。方針の一つが「政治のフェミナイゼーション（女性化）」。女性議員を増やすだけではなく、男性的な「競争」や「対立」という価値観に基づいて行われている政治を、「共生」「排除しない」「協力する」といった女性的価値観に変えていくのだ。政策の中心に市民の社会的権利をすえ、その実現のために参加型の直接民主主義を積極的に導入している。

リーダーのアダ・クラウ・ベリャーヌ氏（二〇一五年からバルセロナ市長）は、居住の権利のために尽力してきた反貧困活動家である。水は命市民連合はバルセロナコモンズの選挙運動に積極的に関わり、メンバーが市会議員に当選したほか、政策立案にも参画している。

二〇一六年のカタロニア州最高裁判所判決後、バルセロナ市議会は再公営化に関わる法的・技術的可能性を精査するための調査開始を決定。再公営化に関する法的・技術的な支援を受ける協定をオー・ド・パリと結んだ。一一月にはバルセロナコモンズが再公営化に必要な準備を始める動議を提出し、賛成多数で可決された。第一ステップは技術的側面の調査報告書の委託作成である。ただし、このときまで、バルセロナ首都圏議会には水道事業を規制・監督するスタッフが二人しかいなかった。この体制では再公営化の準備はできない。バルセロナコモンズは担当者を五人に増やした。

その直前の一一月三~四日にマドリード市で、スペイン各地の運動体をつなぐ「公共の水ネットワーク(La Red Agua Pública)」とマドリード市議会との共催で、公共水道と自治体の役割についての会議が開かれた。参加者は一五人の市長をはじめ、市会議員、大学などの研究者、市民団体、労働組合、公営水道事業体協会の代表者など三〇〇人以上に及んだ。

かつて例を見ないこの会議の目的は、中央政府が再公営化を強力に阻止するなかで、水は基本的人権であり公共財であるという見地から、再公営化を実現する運動の連携強化である。二〇一五年の地方選挙では、左派地域政党がマドリード市とバルセロナ市に加えて、サラゴサ市、バレンシア市、カディス市でも勝利し、革新的な市長が誕生していた。その結果を受けて、民主的な公営水道を推進するネットワークは発展していく。

資産の過剰算定と住民投票

二〇一六年四月にはバルセロナ首都圏議会が、水道資産の査定と、一二年にＡＢＥＭ社が設立された際にＳＧＡＢ社が出資した資産の経済的価値の監査を開始した。一八年二月の報告によると、アグバー社は新しい合弁会社に移行した際の資産額を過剰申告していたという。アグバー社によれば純資産は四億七六万ユーロ（約四九〇億円）であったが、監査委員が査定した資産額は一億三〇万ユーロ（約一二〇億円）にすぎない[3]。

この監査結果は、SGAB社が八五％の株を所有するに至った正当性を問うとともに、バルセロナ市もしくはバルセロナ首都圏が水道を再公営化する際に合弁会社の株を買うときの重要な判断材料となる。もちろん、スペイン最高裁判所がコンセッション契約を無効とすれば買う必要はない。

ところが、アグバー社の経営幹部は、契約満了前に再公営化されれば、一〇〜一五億ユーロ（一二〇〇億〜一八〇〇億円）の補償を受ける権利があると語っている（うち五億ユーロはインフラ関連）。つまり、アグバー社は二〇四七年までに少なくとも五億ユーロ（六〇〇億円）、最大一〇億ユーロの利益を上げるつもりなのだ。年間利益は約一七〇〇万〜三四〇〇万ユーロ（約二億一〇〇〇万〜四億二〇〇〇万円）にもなる。ABEM社におけるアグバー社の資産額を考えれば、将来にわたる利益が過剰に見積もられていることが分かるだろう。

二〇一八年に入ると、五〇の社会運動団体が協力してバルセロナ市の水道再公営化についての住民投票を求める署名活動が始まる。アグバー社は「水道供給に関する行政権限はバルセロナ首都圏にある」と主張し、バルセロナ市議会に住民投票を認めないよう公式・非公式に圧力をかけたが、わずか二か月で住民投票を行うのに十分な二万六〇〇〇筆の署名が集まった。住

わずか２か月で住民投票に必要な署名を集めた
© Moviment per l'Aigua Pública i Democràtica de Barcelona

民投票で問うのは「あなたは住民が参画できる公的な水道サービス（供給）を望みますか？」と簡潔な内容だ。

四月の市議会では社会党が反対して可決されなかったが、バルセロナコモンズは否決の不当性を訴える法的な手続きを取り、最終的には住民投票の実施が一〇月に可決された。住民投票は二〇一九年一二月に予定されている。

規制と参画

国境なき技術団カタルーニャの活動家で、バルセロナ市における水やエネルギーの企業支配を調査し闘ってきたエロア・バディア氏は二〇一五年にバルセロナコモンズ所属の市会議員に当選し、水・エネルギー政策を担当している。彼は選挙の直前に、次のような記事を書いた。

「バルセロナ市を含めたカタロニア州が民営水

道を長く続けてきた結果、水道供給に関する情報公開が圧倒的に欠落し、規制機関は役割を果たしていない。経営・技術・財政の情報を自治体が持っていないので、市民の情報公開請求にも対応できない。たとえば、料金を払えずに水道供給を止められた世帯数、民間企業による水道施設への投資の進行状況、コンセッション契約の終了時期さえもはっきりしない。水は命市民連合が情報公開請求を駆使して州内自治体の契約終了年を調べたが、二〇％しか把握できなかった。こうした状態は、民間企業、とくに水道市場をほぼ独占しているアグバー社にとって非常に好都合で、契約更新や新規契約獲得の戦略を自由に立てられる。一方で、私たちのような再公営化運動には完全に不利である[4]」

　バディア氏は市会議員として、投資についての緻密な監査を進めた。その過程で、公的機関が民間企業の行為や事業実績を規制・監督する限界を痛感したという。実際、バルセロナ首都圏の民間水道契約下では投資や料金に関する公的機関の規制が及ばず紛争となり、すでに二〇の行政訴訟が起こっている。その判決までには膨大な時間と費用がかかる。バルセロナ市議会はスペイン最高裁判所の判決を待たずに、資産の査定や監査を行った。それは、約一五〇年間の民営化の歴史のなかで初めての出来事である。

　国境なき技術団カタルーニャの活動家のミリアム・プリナス氏は、水道再公営化の意味を以下のように述べている。

「再公営化の目的は、自治体が水道供給の公的管理と統治を取り戻すだけではありません。私たちが再公営化の結果、真に民主的・効率的・持続可能な水道を欲するのであれば、水を公共財として明確に位置づけなければならないのです。公共財であれば、市民参画が最も重要です。私たちの再公営化を求める運動は、所有形態の変更にとどまらず、この根源的な変化を求めています[5]」

カタロニア州では、現時点ですでに二三の自治体が再公営化を成功させた。二〇一九年から二五年までに六五の自治体で民間契約が満了になる。それはカタロニア州の人口の半分である三五〇万人に該当する。

3 鉛汚染との闘い●ピッツバーグ市(米国)

コスト削減の代償

二〇一六年に米国北東部のペンシルバニア州アレゲニー郡ピッツバーグ市(人口約三〇万人)で、国の安全基準を大幅に超える鉛が水道水から検出された。市民たちは初めて、長期にわたる健康被害をもたらす恐れのある汚染された水道水を飲んでいたことを知る。鉛による汚染は、知能指数の低下や学習困難を含む発達障がいを引き起こすと言われている。

ピッツバーグ市では二〇一二年から一五年まで、ヴェオリア社が水道供給を担っていた。公営水道運営の資金不足にあえぐ自治体に向けたヴェオリア社のセールスポイントは、コスト削減だ。ピッツバーグ市も例外ではない。一二年にヴェオリア社との契約を決めた時点で、七億二〇〇〇万ドル(約五七六億円)の債務をかかえていた。

両者が結んだ契約は「実績同等解決モデル」と呼ばれ、ピッツバーグ市からヴェオリア社への支払いの一部は削減コストに基づいて計算される。一年目の固定支払額は一八〇万ドル(約一・四億円)だった。契約では年間一〇〇万~四〇〇万ドル(約八〇〇〇万円~三・二億円)のコスト削減が約束され、ヴェオリア社は一年目は削減金額の五〇%、二年目以降は四〇%をピッツバーグ市公共上下水道事業機関(以下「公共水道機関」)から報酬として受け取ることができる。

実際ヴェオリア社は二年以内に、年間三〇〇万ドル(約二・七億円)の運営コストの削減に成功した。加えて、官民連携(PPP)国家評議会(非営利のPPP推進団体)[6]によれば、借入金のリファイナンス(組み換え、借り換え)速度を速めることで二〇〇万ドル(約一・八億円)を削減したという。

ただし、こうした削減のために公共水道機関は多くの組織変更を余儀なくされた。水質の安全管理責任者だったトンヤ・パイネ氏は、「ヴェオリア社が運営するようになって即座に、財務部長と技術部長が解雇された」と語る。二〇一五年末までには、安全管理責任者や水質検査試験所スタッフの半分を含む二三人(総数の約一割)が解雇されたという。その翌年に発生したのが鉛汚染問題である。

公共水道機関は二〇一四年四月に、鉛などの重金属を水道水から除去する化学薬品を炭酸ナトリウムから安価な苛性ソーダに変えた。こうした変更を行う際は、ペンシルベニア州環境保護局の許可を取ることが法律で定められている。ところが、ヴェオリア社はそれを怠ったうえに、公共水道機関の理事会にも報告していなかった。

責任の所在が曖昧な調停

最大の問題は、公共水道機関とヴェオリア社のどちらにこの無許可変更の責任があるかだ。ヴェオリア社の広報担当者は、公共水道機関のスタッフが変更を提案したと強調している。

「鉛濃度の上昇は、私たちに無断で公共水道機関のスタッフが薬品を変更後に起き、私たちは数か月間その事実を知らされなかった」

水質検査による水道水中の鉛濃度は、ヴェオリア社が水道供給を受託する前から少しずつ上昇していた。しかし、劇的に上昇したのはヴェオリア社が受託していた期間である。国が定める安全基準は一五ｐｐｂで、二〇一〇年の濃度は一〇ｐｐｂであった。それが一三年には一四・八ｐｐｂ、一六年六月には二二ｐｐｂにまで上昇。国の安全基準を大きく超えてしまった。

鉛汚染をうけて公共水道機関は二〇一六年一〇月、「ヴェオリア社は水道供給を独占的に受託しているという立場と信頼を悪用して水道水の管理を怠り、われわれを欺いた」として訴訟を起こし、一二五〇万ドル（約一四億円）の損害賠償を求めた。これは、公共水道機関がヴェオリア社に支払った金額と同額である。

ヴェオリア社は「グローバルな水問題と環境問題を解決する企業」と自認するが、世界各地で、環境汚染、健康被害、賄賂、水道料金をめぐって訴訟を含む紛争が絶えない。事実関係が調べられるなかで二〇一八年一月、ヴェオリア社が鉛汚染の責任の多くを逃れていたことが明らかになった。ところが、一年以上に及ぶ非公開の調停の結果、ヴェオリア社と公共水道機関は「申し立ても要求もお互いに行使しないし、認めない」という共同声明(7)を発表したのだ。そこでは、以下のように述べられている。

「濃度が上昇した原因は、水道管と建物をつなぐ管や、それらをつなぐポンプの老朽化、サンプルの取り方の問題などである。公共水道機関とヴェオリア社のどちらの行為が原因であるかは判断できない」

ピッツバーグ市のウイリアム・ペドゥトー市長は、本来ならばスタッフの給与と設備維持に使われるはずの税金がヴェオリア社の懐に入ったと、契約の問題点を二〇一七年三月に行われた公聴会で指摘した。

「二〇一二年に結ばれた契約では、コスト削減をすればするだけヴェオリア社への支払いが増える。ヴェオリア社にコスト削減の動機付けを与えたのだ。では、どこでコストを削減するのか。それは、スタッフの解雇と必要な投資の見送りである」

しかも、水質が悪化したにもかかわらず水道料金は上がる。ヴェオリア社との契約から一年後の二〇一三年、以後四年間の水道料金の二〇％値上げをピッツバーグ市議会は承認した。ピッツバーグ市の職員たちは、ヴェオリア社との調停結果に納得していない。また、アレゲニー郡のチェルシー・ワグナー監査委員は声明文で、次のような趣旨を述べている。

「この調停で、ヴェオリア社は進行中の鉛汚染問題という窮地を抜け出した。同社は契約が終了すれば、ピッツバーグ市から去ることができる。だが、市民たちは移動できないし、問題の解決まで向き合っていかなければならない」

実際、調停に合意はしたものの、鉛汚染は解決していない。二〇一八年一月に発表された水質検査による鉛濃度は二一ｐｐｂで、国の安全基準である一五ｐｐｂを大きく上回っている。二〇一二年からの三年間でヴェオリア社は少なくとも一一〇〇万ドル（約一〇・五億円）以上の利益を上げたが、鉛汚染の解決にその利益を使うことはない。他方、公共水道機関は一七年末にペンシルベニア州環境保護局から二四〇万ドル（約二・六億円）の罰金を科された。罰金の理由は、鉛などの重金属を水道水から除去する化学薬品を許可なしに変更したうえに、鉛濃度が国の基準を超えたためである。いずれも、ヴェオリア社の管理下で起きたものだ。

調停には、ヴェオリア社が四九〇万ドル（約五・四億円）以上の報酬要求を取り下げ、水道料金を支払えない世帯のための基金に五〇万ドル（約五五〇〇万円）を寄付することが含まれていた。しかし、この寄付金は二四〇万ドルの罰金を考えると大きな意味を持たない。

企業は利益を上げ、責任は負わない

一般に、水道の民営化によって供給が安定したという証拠は乏しい。コストが下がるという事実も同様に乏しい。公共企業体は経営する事業によって利益を上げることはできないが、民間企業はできる。そして、民間企業は水道料金を上げる傾向が強い。米国の民営水道の料金は公共水道より平均で五九％高いと、NGOの「食と水ウォッチ」が二〇一六年の報告書で発表した[8]。カリフォルニア州リアルト市では、二〇一二年からヴェオリア社と投資ファンド会社が共同で水道のリース契約を担っている。その水道料金は六八％も上昇した。

ヴェオリア社は三〇〇億ドル（約三・三兆円）以上の収益を上げ、過去五年間で株価は二倍以上になっている。同社がバハマに設立したオフショア法人は、パラダイス文書のデータベースに掲載されている。少なくとも収益の一部は、ここに送られているだろう[9]。

鉛汚染のような健康に重大な影響がある問題に加えて、長期間にわたる民間企業との契約間には、水道管の破裂、下水処理場や下水道からの汚水流出などさまざまな問題が起きる。災害や地震が発生すれば、事態は緊急かつ複合的となる。ピッツバーグ市は行政が民間企業に責任を負わせる困難さを、人命への影響を含む非常に高い代償をもって学んだ。

苦い闘いを経てピッツバーグ市は、二〇一六年に水道の運営を公共水道機関に戻した。さらに、一七年には米国ブルーリボン委員会（一定の独立性を有し、調査・研究・分析を行うために任命された学識経験者のグループ）が、鉛汚染の解決を公共水道機関からパブリック・トラスト（水道・電力・郵便などの分野で法令によって設立される、政府から独立した事業体）に移行するように勧告した。一方で業界紙によれば、ヴェオリア社はピッツバーク市との契約終了後、米国内で新たな契約を獲得できていないという。

4 裁判で勝ち取った公営化●ミズーラ市（米国）

巨大な投資ファンドとの闘い

人口七万人弱のミズーラ郡ミズーラ市はモンタナ州（米国北西部）で唯一、水道が民営化されていたが、設備投資は滞り、水道料金は上昇した。市議会では二〇一一年から水道施設を買い戻して公営化すべく、水道事業を行うマウンテンウォーター社との長い闘いが始まる。

公営化は一九八〇年代初めにも試みられたが、失敗していた。マウンテンウォーター社の所有者は二〇一一年に引退するとき、市に告げることなく同社を巨大投資ファンドのカーライルグループに一億二〇〇〇万ドル（約八二億円）で売却した。市はすぐにカーライルグループに対して、マウンテンウォーター社が持つ水道供給の権利を六五〇〇万ドル（約五二億円）で購入したいと申し出たが、すげなく断られた。

その時点で、ジョン・エンガン市長はエミネント・ドメインを使って裁判を起こすしか水道供給の権利を取り戻す方法はないと意を決する。エミネント・ドメインとは、国や自治体が公益のために私有財産を補償と引き換えに収用する権限をいう。

カーライルグループはウォール・ストリートで最も豊富な資金を持つ世界最大手のプライベート・エクイティ・ファンドで、その運用資産は一九五〇億ドル(約二一兆円)と言われている。プライベート・エクイティ・ファンドとは、複数の機関投資家や個人投資家から集めた資金をもとに企業や金融機関の未公開株式(プライベート・エクイティ)を取得して経営に深く関与し、企業価値を高めた後に売却して高い利益を獲得することを目的とした投資ファンドである。彼らは租税回避のプロであり、情報を公開せず、説明責任を果たさない。

二〇〇〇年年代初め、プライベート・エクイティ・ファンドは投資先を求め、水道事業がその受け皿のひとつとなった。リスクの高いベンチャー資本と一線を画す彼らにとって、安定的な成長をとげている水道事業は魅力的だった。米国では、小規模な水道事業が多い。それらを買い取り、吸収・合併を重ねて大きくし、より価値の高い会社として売却できるからだ。

食と水ウオッチによると、プライベート・エクイティ・ファンドは年間一二〜一五%の投資収益を目標にしており、通常一〇年以内に資産を売却するという。だから、水道事業にこのファンドが入ってきたら自治体は十分に注意するべきだし、そもそも取引を避けるべきだと警告している。

裁判で勝訴

ミズーラ市では、市長も大半の市会議員も公営化を支持した。なぜなら、同市の水道料金はモンタナ州の主要都市で最も高かったからだ。州内の人口七五〇〇人以上の自治体で比較すると、平均より二七％も高かったという。

また、水道インフラの劣化によって漏水率は五〇％を超え、長期的なインフラ整備計画を市が立てようとしても、マウンテンウォーター社が関連する情報を公開しないので、作成できない。さらに、モンタナ州公共サービス規制委員会が市や市民の利益のために同社を規制できているとはとうてい思えなかった。有権者の七〇％も、カーライルグループから水道の運営権を妥当な価格で買い取り、市が運営する公共水道に移行することを支持していた。

だが、マウンテンウォーター社は買い戻し要求に応じない。そこで、ミズーラ市は二〇一四年にエミネント・ドメインの訴えをモンタナ州地方裁判所に起こし、翌年に勝訴した。裁判で問われたのは、市が水道システムを民間企業から強制的に収用することの必然性である。驚くべきことではないが、カーライルグループは判決を不服として控訴した。

エミネント・ドメインに関するモンタナ州の法律は米国憲法より厳しく、収用の要請者は収用によって得られる公共利益の「確固たる証拠」を立証しなくてはならない。訴訟での最大の争点は、「公共水道へ移行する必然性が高い」ことを法的に証明できるかであった。私的財産の恣意的な収用を防ぐために課せられた厳しい規定だが、ミズーラ市にとっては法的・財政的に高いハードルである。市側の弁護士の主張は以下のとおりだ。

「カーライルグループの主な目的は、水道事業による収益を州と無関係の企業の所有者と株主に還元することである。一方ミズーラ市は、住民とよりよい水道事業のために投資する」

この主張が正しいことは、その後の事実が証明している。裁判が続いているにもかかわらず、カーライルグループはマウンテンウォーター社をカナダのリバティーユーティリティー社という無名の企業に三億二七〇〇万ドル（約三六〇億円）で売却したのだ。これは、モンタナ州公共サービス規制委員会の許可を得ていない。

モンタナ州最高裁判所は二〇一六年八月、「ミズーラ市による水道事業の所有は、民間企業の所有に勝る必然性が高い」という判決を下した。裁判長は、水道は公的財産であり公的所有によって住民に最良のサービスを提供したいという市の主張を認めたのだ。『ネイション』誌（二〇一七年七月五日）は、「小さな町が巨大な投資ファンド（であるカーライルグループ）を退けて、最も大切な資源を取り戻した」と報じた。

ミズーラ市の主張が認められたわけだが、厳しい闘いであったと市側の弁護士は言う。

「私たちは、すべての人に不可欠な水道の供給には自治体という公的機関が適していているという理論だけで勝利したのではありません。具体的な根拠を積み重ねていく必要がありました」

その後モンタナ州最高裁判所は二〇一七年に、マウンテンウォーター社の所有権を八八六〇万ドル（約九八億円）でミズーラ市に譲渡することを求めた。こうしてミズーラ市は、エミネント・ドメインを成功させて巨大投資ファンドから水道事業を取り戻した最初のケースとなる。

ただし、ミズーラ市は公共水道を取り戻すための闘いに、八五〇〇万ドル（約九・四億円）の訴訟費用を含む九七〇〇万ドル（約一〇七億円）を費やす結果となった。当初、市が訴訟費用として計上したのは四〇〇万ドル（約四四〇〇万円）だったことを考えれば、二〇倍以上の費用がかかっている。なお、エミネント・ドメインのルールでは、収用を要請する側が相手の訴訟費用も負担しなければならない。カーライルグループはその費用を七一〇〇万ドル（約七・八億円）と主張したが、裁判官はその正当性を認めず、三九〇〇万ドル（約四・三億円）に減額した。

再公営化を実現するために長い時間と多額の資金を要したわけだが、この闘いは将来を見据えれば必要不可欠であり、行動が数年遅ければ支払い不可能な価格となった可能性が高い。

公的所有による公共利益の根拠

ここで、モンタナ州最高裁判所が認めた水道事業の公的所有による公共利益の根拠を紹介しよう。

①所有が安定する。
②水道は市民の公衆衛生、健康、安全、福祉、命に関わる重要な自然資源であり、料金設定

においては市民に選出された市会議員が責任を持たなければならない。

③漏水の防止を含めて、老朽化した水道施設を改善するためには設備投資が必要であり、その計画と決定に市民が関与できる機会が欠かせない。

④インフラの再整備にあたって、投資収益率、民間企業への送金・税金を含めた管理コスト、保険コスト、市行政との調整コストが削減できる。

⑤公衆衛生や福祉に関係する市役所の部署(都市計画、下水処理、洪水対策、交通、火災防止)との連携が可能になる。

⑥ミズーラ市による所有に対して、市民とほとんどの市会議員が支持している。

⑦設備投資のために、補助金、公債、公的融資(資金貸付制度)が利用できる。

⑧ミズーラ市には、信頼できる安全な水道水を長期的に供給し、水道事業を運営する能力がある。

ミズーラ市長は二〇一六年からの五年間で、水道料金を値上げせずに三〇〇〇万ドル(約三三億円)以上を水道施設に設備投資すると表明した。

「ミズーラ市の水道事業の目的はただ一つ、市民に良いサービスを提供することです。五〇年後、一〇〇年後のミズーラ市民は、水道事業と施設がきちんと機能し、公的機関によって生命のために不可欠な水を普通に得られる状況を当たり前だと思うでしょう。こうした闘いがあったことは記憶されないかもしれませんが、それでいいと思います」

5 民営化と再公営化のせめぎあい●ジャカルタ市(インドネシア)

うまくいかない民営化

インドネシアの首都ジャカルタ市(人口約九五〇万人、単独でジャカルタ首都特別州を構成)の水道事業は、一九九七年に民営化された。市内を東西二地区に分割し、東地区をテムズ・ウォーター社、西地区をパリジャ社(スエズ社の前身であるリヨネーズ・デゾー社が筆頭株主、現地企業との合弁)が運営する契約(官民連携契約)をスハルト政権下で結んだ。

ジャカルタ市の水道水は直接飲むことができないにもかかわらず、水道料金は東南アジア諸国で最も高い。低所得層への水道供給は進んでいない。供給されたとしても、高い料金を支払えない市民は生活排水・産業排水によって汚染された水源から水を得るか、独自で井戸を掘る。それゆえ、平均年一〇センチという猛烈な速度で地盤沈下が進んでいる。

さらに試算では、契約が終了する二〇二三年にはジャカルタ首都特別州水道公社パム・ジャヤ(以下「ジャカルタ水道公社」)の負債額が一九億ドル(約二一〇〇億円)に達する。その原因は、テムズ・ウォーター社およびパリジャ社との契約に定められた支払いの仕組みにある。当初の契約では、ジャカルタ水道公社が両社に支払う水道事業費は六か月ごとに値上げされることになっていた。だが、数回の値上げ後は市民の反発を恐れて、値上げを凍結せざるを得なくなる。その結果、両社に支払う水道事業費と住民から徴収する水道料金の差額がジャカルタ水道公社の赤字として累積していく。

契約では、二〇〇八年までに水道普及率を七五％、二〇二三年までに一〇〇％とすることが両社に課せられた主要な目標であったが、何回にも及ぶ交渉で目標値は下方修正され続けた。一九九八年の水道普及率は四四・五％で、二〇一七年は五九・四％と言われている[10]。約二〇年間で一五ポイントしか上がっていない。そして、少なく見積もってもジャカルタ市民の約四割は水道の供給を受けていない。

最高裁判所の判決をめぐる混乱と困難

このように、財政面でも地盤沈下や塩水化と重金属汚染による地下水の汚染といった環境面でも、大きな問題がある。ところが、ジャカルタ首都特別州（以下「ジャカルタ州」）の歴代知事はこれを長く放置してきた。そこで、二〇一二年に「ジャカルタ水道民営化に対抗する市民連合」（以下「市民連合」）が結成され、労働組合・市民・学生・弁護士・ジャーナリストなどを束ねて根強い運動を展開している。同年にジャカルタ州知事、大統領、財務大臣、テムズ・ウォーター社、パリジャ社を相手に、契約を破棄して運営をジャカルタ水道公社に戻すことを求め

世界水の日に行動するジャカルタ水道
民営化に対抗する市民連合のメンバー

る訴訟を起こした。

この訴訟は、貧しい人たちの社会正義のために闘うことで知られる法律支援団体や、水道民営化の調査を長く続けているNGOに支えられている。市民連合は二〇一四年三月、ジャカルタ州地方裁判所で勝訴した。判決は民営化を違法とし、契約を終結させて運営をジャカルタ水道公社に戻すこと(再公営化)を命じた。これに対して被告団は不服申し立てを行い、ジャカルタ州高等裁判所が判決を覆したため、原告団は不服申し立てに臨んだ。

インドネシア最高裁判所は二〇一七年一〇月、水道民営化を不当として運営をジャカルタ水道公社に戻すように、再度ジャカルタ州政府とインドネシア政府に命じた。これによって二社との契約は無効となる[11]。

しかし、最高裁判所の判決を実行に移すまでには多くの困難が待ち受けていた。二社との契約は二〇二三年までであるため、契約を中止しなければならない。では、誰がどのようにして中断するのか。世論の高まりを受けたアニス・バスウェダンジャカルタ州知事は、「最高裁判所の判決を尊重し」、官民契約を終わらせることに尽力すると公式に述べた[12]。

テムズ・ウォーター社とパリジャ社の組織構成はこの間、何度も変わっている。二〇〇六年にテムズ・ウォーター社は完全に撤退してアエトラ社（現地企業も入った合弁）となり、スエズ社はパリジャ社の持ち株を五一％にまで減らした。

アエトラ社のモハマド・セリム社長は「契約は二〇二三年の終了まで法的な拘束力がある」と主張し、最高裁判所の判決文さえ読んでいないと言い放って、判決に取り合わない姿勢だ[13]。パリジャ社のロバート・レリマッセイ代表は、最高裁判所の判決には契約の中止ではなく内容の一部変更によって対応できるという見解だ[14]。

一方で、ジャカルタ州議会は契約を中止するために声を上げ始めた。超党派の議員たちが契約を停止し、上下水道の整備と改善のために動き出すべきだと述べている。また、ジャカルタ水道労働組合の議長は「ジャカルタ州政府は判決に応えるための政治的意思が不十分で、企業に圧力をかけられている」と批判し、調査・研究ＮＧＯの代表は「カードはジャカルタ州政府が握っており、最高裁判所の判決を実施するために必要なのは政治的な意思のみだ」と主張する。

こうした状況のもとで二〇一八年三月、驚くべきことにインドネシア政府の財務大臣が最高裁判所の判決を覆す行政措置を採ることを決めた。理由は原告側の手続き上の不備である。住民側弁護士は、財務省が時間稼ぎのために行政措置をこじつけていると批判している。

実は最高裁判所は、二〇一七年一〇月の判決が公にされる半年前の四月に判決を出していた。この間の出来事は不透明極まりない。アエトラ社は六月に、全株をモヤ・インドネシア・ホールディングス(モヤ・ホールディングス・アジアの子会社)に売却したと伝えられる。シンガポール株式市場に上場しているモヤグループは水処理システムの設計・建設・メンテナンスなどを行い、インドネシア有数の大財閥であるサリムグループの支配下にある。彼らは、判決は子会社の契約には及ばず、水道事業を続行すると主張している。スエズ社もパリジャ社の株を売却したという。

複雑さを増す再公営化への道

こうした混迷のなかで、一縷の希望も見えていると言えそうだ。バスウェダンジャカルタ州知事は二〇一八年八月に行政命令を発効し、水道水統治評価団を発足させた。ジャカルタ水道公社のトップと市民団体や専門家で構成され、行政官が議長を務めるこの組織が、最高裁判所の判決に応えるために水道事業をどうするべきか六か月間で判断することになる。[15]

水道水統治評価団の報告書は二〇一九年二月に完成し、バスウェダン知事を含めて記者会見が行われた。報告書は、ジャカルタ州が一方的に契約を破棄すれば七一四〇万ドル(約七八・五億円)の違約金を請求される恐れがあると指摘。アエトラ社とパリジャ社の株を新しい所有者から買い取るか、二社と交渉して契約中止を盛り込んだ新たな契約を結ぶ方法を勧告した。この勧告を聞いたうえで、知事は以下のように語ったのだ。

「ジャカルタ州政府の立場は明確で強固である。水道を整備するためには、水道の運営権を直ちに取り戻すことだ。一九九七年に結ばれた契約を修正しなくてはならない。首都ジャカルタに清潔な水道を整備するという期待は、二〇年を経ても果たされなかった」

ただし、この発表の一か月前にインドネシア最高裁判所は、二〇一七年の判決を手続き上の理由で無効とする決定をしていた。財務省の行政措置の結果である。最高裁判所の判決を覆せることと自体にジャカルタ市民も国際市民社会も驚きを隠せないが、敗訴は確定した。法的に言えば、ジャカルタ市とアエトラ社・パリジャ社との契約は完全に合法となったのだ。とはいえ、その後でジャカルタ州知事が明確な政治的立場を表明したことには一定の意味がある。

無名のジャカルタ市民と彼らを支える弁護士やNGOが存在しなければ、水道民営化がジャカルタ市の主要な政治課題になることも国際的に知られることもなかっただろう。二つの大企業をここまで揺さぶることも、決してなかっただろう。同時にジャカルタ市の水道民営化をめぐる過程は、大企業と政治が結託した決定を覆すことがいかに困難であるかを示している。

「遅れてきた民営化」が日本で進もうとしているいま、私たちはここから二つの教訓を学ばなければならない。一つは、二〇年という貴重な時間と膨大な公的資金が費やされたにもかかわらず、民営化によって経済成長著しい大都市で水道の普及が進まなかったという点である。もう一つは、運営権を握った企業は次々と株式の所有者を変えて対応するという点である。

二〇一九年六月現在、モヤグループもパリジャ社も水道事業を続けている。だが、ジャカルタ市民も国際市民社会も、再公営化を決して諦めていない。

（1）Informe de Fiscalización del Sector Público Local, ejercicio 2011.

（2）La Vanguardia, 2010.

（3）El País, 2018.

（4）Eloi, Badia, and Moisès, Subirana. *Window of opportunity for public water in Catalonia in Our Public Water Future: The global experience with remunicipalisation.* Transnational Institute, 2015.

（5）Míriam, Planas. *A citizen wave to reclaim public and democratic water in Catalan municipalities, in Reclaiming Public Services: How cities and citizens are turning back privatisation.* Transnational Institute, 2017.

（6）The National Council for Public–Private Partnerships. *P3 Awards Profile: Pittsburgh, Veolia Partner to Stabilize Water Rates.* 16 Jul. 2014. from ncppp.org/p3-awards-profile-pittsburgh-veolia-partner-to-stabilize-water-rates.

（7）Pittsburgh Water & Sewer Authority. *Press Release: Joint Statement of Pittsburgh Water & Sewer Authority and Veolia Water North America–Northeast, LLC.* 2018. from www.pgh2o.com/release?id=7664).

（8）The State of Public Water in the United States, *Food and Water Watch 2016.*

（9）オフショア法人とは外国籍法人のことで、収益源はすべて国外である。税金が優遇されている英領バージン諸島やケーマン諸島などの租税回避地（タックス・ヘイヴン）に設立される。その収益は非課税で、再投資にまわされる。その投資で発生した利益も課税されない。パラダイス文書は、タックス・ヘイヴンへの法人設立を請け負う英領バミューダ諸島を拠点とする法律事務所などから流出した機密文書で、国際調査報道ジャーナリスト連合（ＩＣＩＪ）と加盟報道機関が二〇一七年一一月に公表した。タックス・ヘイヴンにおける取引に関する約一三四〇万件の電子文書が収められている。

（10）"Jakarta's remunicipalization plan raises hope for better water service." *The Jakarta Post*, 13 Feb. 2019.

（11）ruling number 31 K/Pdt/2017.

（12）Liputan6.com. "Anies akan hapuskan swastanisasi air di Jakarta" *Merdeka.com*, 22 Mar. 2018. from www.merdeka.com/jakarta/anies-akan-hapuskan-swastanisasi-air-di-jakarta.html

（13）Hadi, Syafiul. "Restrukturisasi PAM Jaya, Sandiaga Uno: Tengah Dikaji Oleh TGUPP." Edited by Dwi Arjanto, *TEMPO.CO*, 11 June. 2019. metro.tempo.co/read/1072991/restrukturisasi-pam-jaya-sandiaga-uno-tengah-dikaji-oleh-tgupp.

（14）Bayu, Dimas Jarot. "Anies Didesak Hentikan Restrukturisasi Kontrak PAM Jaya Dengan Swasta." Edited by Yuliawati, *Katadata*, 23 Mar. 2018. from katadata.co.id/berita/2018/03/23/anies-didesak-hentikan-restrukturisasi-kontrak-pam-jaya-dengan-swasta.

（15）Nibras, Nada, Nailufar. "DKI Bentuk Tim Evaluasi Tata Kelola Air Minum, Ini Anggotanya..." *KOMPAS.com*, 15 Aug. 2018, from megapolitan.kompas.com/read/2018/08/15/14535561/dki-bentuk-tim-evaluasi-tata-kelola-air-minum-ini-anggotanya..

〈参考文献〉

Transnational Institute. *Remuniciaplisation: Putting water back into public hands.* Municipal Services Project, 2012.

Christophe, Lime. *Turning the page on water privatisation in France, in Our Public Water Future: The global experience with remunicipalisation.* Transnational Institute, 2015.

Olivier, Petitjean. Taking stock of remunicipalisation in Paris. A conversation with Anne Le Strat. in *Our Public Water Future: The global experience with remunicipalisation.* Transnational Institute, 2015.

ＥＣＯネット東京62「エコアカデミー第七三回 市民参加型予算で持続可能な都市を：フランス、パリ市」all62.jp/ecoacademy/73/01.html#CHU2、二〇一七年九月。

The Council of Canadians. *Paris becomes a Blue Community on the eve of World Water Day.* from canadians.org/media/paris-becomes-blue-community-eve-world-water-day, 2016.

Transformative Cities. *Atlas of Utopias.* from transformativecities.org/atlas-of-utopias.

Water remunicipalisation tracker. *Barcelona* from remunicipalisation.org/#case_Barcelona.

Sharon, Lerner, and Leana, Hosea. "From Pittsburgh to Flint, the Dire Consequences of Giving Private Companies Responsibilities for Ailing Public Services." *The Intercept*, 21 May. 2018. from theintercept.com/2018/05/20/pittsburgh-flint-veolia-privatization-public-water-systems-lead/.

Water remunicipalisation tracker. *Pittsburgh.* from remunicipalisation.org/#case Pittsburgh%20）

Jimmy, Tobias. "How a Small City Took On a Financial Giant—and Reclaimed Its Most Precious Resource, *The Nation*, 5 Jul. 2017, from www.thenation.com/article/how-a-small-city-took-on-a-financial-giant-and-reclaimed-its-most-precious-resource.,

The Clark Fork Coalition. *Missoula Water*, “Supporting public ownership of Missoula’s water”. from clarkfork.org/our-work/what-we-do/current-campaigns/mountain-water-company.

The State of Public Water in the United States, *Food and Water Watch 2016*.

The Montana Department of Natural Resources & Conservation. “2016 Statewide Water and Wastewater Rate Study.” from dnrc.mt.gov/divisions/cardd/docs/rate-study/RateSurveyInformation.pdf.

Kishimoto, Satoko. “Indonesian Supreme Court Terminates Water Privatization: Jakarta Water Way Forward-Joint Notice PSI and TNI.” Transnational Institute, 17 Oct. 2017. from www.tni.org/en/article/indonesian-supreme-court-terminates-water-privatization.

Maarten Bakker, et al. *Social Justice at Bay: The Dutch Role in Jakarta’s Coastal Defence and Land Reclamation*. SOMO, Both ENDS, TNI, 2017.

“Coalition Opposing Jakarta Water Privatization Wins Appeal.” *The Jakarta Post*, 10 Oct. 2017.

Harsono, Andreas. “Indonesia’s Supreme Court Upholds Water Rights: Court Rules Jakarta’s Water Privatization Failed the Poor.” *Human Rights Watch*, 12 Oct. 2017. from www.hrw.org/news/2017/10/12/indonesias-supreme-court-upholds-water-rights, “Jakarta to Take over Water Management from Aetra, Palyja despite Court Decision.” *The Jakarta Post*, 11 Feb. 2019.

第3章 世界と逆行する日本の政策

Ⓒ haru_9

1 徹底解剖　水道法&ＰＦＩ法

内田　聖子

日本の水道が多くの課題をかかえているのは事実である。だが、その解決の方向は「民営化」だけなのだろうか。本章では、現在の日本の水道政策を詳しく見ていく。

いま水道「民営化」推進の法的基盤となっているのは、水道法とＰＦＩ法（民間資金等の活用による公共施設等の整備等の促進に関する法律）である。そこで、この二つの法律について成り立ちと概要、最近の改正の目的と内容を述べ、その問題点について考えていこう。

一　水道法の改正で何が起きるのか

「安全な水」を支えている水道法

日本の水道事業の始まりは、一八八七（明治二〇）年に横浜で敷設された近代水道にさかのぼる。海外との貿易や人の行き来の窓口となる港湾都市では、外国から持ち込まれる伝染病を防ぐことが重要となるため、衛生的な水道の整備が進んだ。その後も一八八九（明治二二）年に函館、九一（明治二四）年に長崎と、次々と近代水道が整備される。

　こうしたなかで一八九〇（明治二三）年、水道は公営で敷設することを原則として規定した「水道条例」が明治政府によって制定される。以後、地方公営の近代水道が全国につくられた。二度にわたる大戦期に整備はいったん停滞するものの、敗戦後の高度成長期に目覚ましい発展を遂げていく。一九五〇年の水道普及率はわずか二六％だったが、六〇年には五三％、七〇年には八一％と急上昇。各地に浄水場や水道管などのインフラが整い、水質も向上した。

　現在、日本の給水人口は一億二四一七万人、普及率も九八％（二〇一七年度）[1]に達し、「国民皆水道」がほぼ実現されている。先進国の大都市における平均的な漏水率が二〇～三〇％（ロンドン二七％、ロサンジェルス九％）といわれるなかで、東京都の漏水率はわずか三％、全国平均でも五～六％と一桁台だ。蛇口から出る水をそのまま飲めるほど水質も良く、先進国でもその水準の高さは突出している。

　このようにきわめて質の高い水道事業の法的基盤となってきたのが、水道条例に代わって一九五七年に成立した水道法である。水道法は、「清浄にして豊富低廉な水の供給を図り、もって公衆衛生の向上と生活環境の改善とに寄与すること」（第一条）を目的としている。水道事業は、給水人口や用途によって、一般市民への「水道事業」（上水道と簡易水道）、水道事業者への

図3－1－1　日本の水道の定義と数

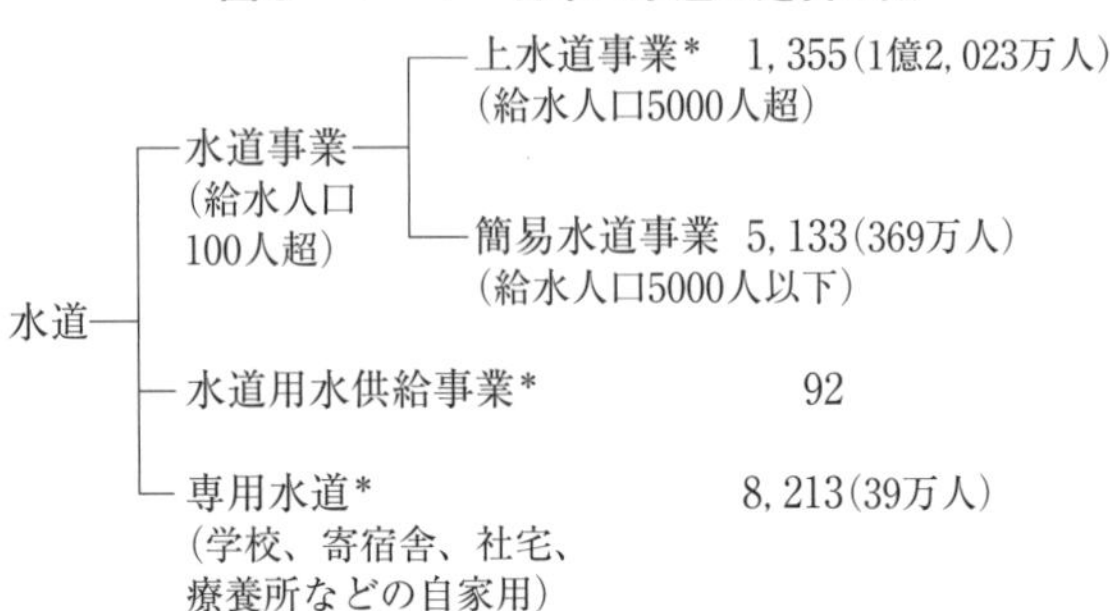

（注）＊地方公営企業法適用事業。
（出典）近藤夏樹氏作成。

「水道用水供給事業」、自家用水道である「専用水道」「簡易専用水道」に区分される（第三条、図3－1－1）。さらに、水質基準、施設基準、認可基準、供給条件などの事業要件と、認可、届出、検査、水道技術管理者、衛生上の措置などに関する各種の規制を定めた。

そして、周知のとおり日本国憲法第二五条は、「1すべて国民は、健康で文化的な最低限度の生活を営む権利を有する。2国は、すべての生活部面について、社会福祉、社会保障及び公衆衛生の向上及び増進に努めなければならない」として、社会権の一つである生存権を規定している。このうち「公衆衛生の向上及び増進」には水へのアクセスも含まれており、憲法の規定を具体化するための法律が水道法である。

水道法では、地方自治体と国の責任を分けて規定している。地方自治体には、地域の自然や社会的な諸条件に応じて、水道を計画的に整備する施策を策定し、水道事業を運営する責任がある。一方、国は、水道の基本的・総合的な施策を策定・実施し、地方自治体や水道事業者などに必要な技術的・財政的な援助を行う責任がある（第二条の二2項)。つまり、水道の運営上のさまざまな権限と責任は自治体にあり、国はそれらを支援する役割である。

このほか、水道事業に関連する法律に、簡易水道以外に適用されている地方公営企業法がある(一九五二年公布)。地方公営企業とは、上下水道や病院、交通、電気、ガスなど地方自治体が直接経営する企業をいい、住民の生活基盤にとって欠かせない公益事業(公共サービス)を提供する。これらの目的は、「地方自治の発達に資する」ことと明記され、公共の福祉を増進させるための事業とされる。そして、この法律によって歳入を料金収入の基本とする独立採算制で行うことが定められ、水道職員は地方公営企業職員として地方公務員に位置づけられている。[2]

日本の水道がかかえる課題

現在、日本の水道は多くの課題をかかえている。

まず、人口減少に伴う自治体の財政難だ。敗戦後に一気に進んだ水道インフラ整備は、人口が右肩上がりに増える社会を想定していた。すでに人口減少が進むなか、自治体の多くは料金収入が減り、かつて建設した大規模なダムや多数の浄水場の維持コストの捻出に苦しんでいる。水道事業は料金収入によって事業の維持・運営費をまかなう「総括原価方式」[3]が取られているため、人口が減れば収入も減り、経営は困難となる。料金値上げという選択もあるが、有権者から反発を受けるため、議論自体が敬遠される傾向がある。こうして負債が積み重なっていく悪循環が長く続いてきた。

次に、水道管や浄水場などのインフラが老朽化し、更新をしていかなければならない。水道管路（排水管や給水管など）の法定耐用年数は四〇年だが、高度経済成長期に整備された管路の更新は財源・人手不足から、耐用年数を超えても更新が進んでいない。今後の計画的な整備がどの自治体にとっても大きな課題である。

そして、職員の減少だ。水道事業に携わる職員数は、一九八〇年の約七万五〇〇〇人をピークに、二〇一六年には約四万五〇〇〇人に減少した。政府が自治体に新規採用の抑制や業務委託（アウトソーシング）の促進を求めてきたからである。とくに小規模事業体の職員数は少なく、給水人口一万人未満では、平均一〜三人で運営している。[4] 地方公務員全体が減少しているなかで、水道職員の減少率は際立って高い。小規模自治体では水道事業を兼務する職員が多かったり、過疎化と高齢化が進むなかで技術職員を募集しても応募がなかったりするためだ。また、技術職員のうち五〇歳以上が約四割を占め、技術や経験の継承が困難となっている。

こうした課題は、最近になって生じたわけではない。人口減少が予想された時点から無駄なダム開発をやめ、身近にある自己水源を活用したり、施設のダウンサイジング（小規模化）に着手できたはずだ。職員の減少も、二〇〇五年以降の「集中改革プラン」など政府の行政改革によって公務員が削減され、自治体が職員を維持・増員できない状況が続いてきた結果である。

これらを総合すれば、日本の人口減少傾向がはっきり見えてきた二〇〇〇年代以降の水道政策と公共サービス政策の失敗である。同時に、私たち市民も水道を含む公共サービスのあり方をどこまで真剣に考えてきたか、振り返る必要があるだろう。水道の未来は私たちすべてに迫られた喫緊の課題なのだ。

なぜ「水道民営化法」と言われるのか

こうした課題について、本来であれば住民や自治体、地方議会が知恵をしぼり、三〇年、五〇年先の水道事業のあり方を決めていくべきだろう。しかし政府は、その「解決策」として、民間企業の投資や事業参入のさらなる強化をもっぱら推奨している。

水道法の大きな改正が施行されたのは、二〇〇二年の小泉内閣時代である。このとき、水道事業の管理体制強化策の一つとして、管理業務を水道事業者や需要者以外の第三者に委託できる制度(「第三者委託制度」)が創設された。この改正も含めて、「官民連携」として指定管理者制度や包括的民間委託などが徐々に導入されるなかで、メーター検針や料金徴収、水質検査など多くの業務は、すでに民間企業へ委託されている(**表3－1－1**)。

引き続く二〇一八年の水道法改正は、一五年に設置された厚生労働省「水道事業基盤強化方策検討会」の報告などに基づき、水道の基盤強化を図る目的で、以下の五点についての改正が提起された。

①関係者の責務の明確化、②広域連携の推進、③適切な資産管理の推進、④官民連携の推進、

表3－1－1　水道事業における官民連携手法と取組状況(2019年2月時点)

業務分類(手法)	制度の概要	取組状況※及び「実施例」
一般的な業務委託(個別委託・包括委託)	施設設計、水質検査、施設保守点検、メーター検針、窓口・受付業務などを個別に委託する個別委託や、広範囲にわたる複数の業務を一括して委託する包括委託	運転管理に関する委託：1714箇所(622水道事業者)【うち包括委託は427箇所(141水道事業者)】
第三者委託(民間業者または他の水道事業者への委託)	浄水場の運転管理業務などの水道の管理に関する技術的な業務について、水道法上の責任を含め委託	・民間事業者への委託：191箇所(46水道事業者)「広島県水道用水供給事業本郷浄水場」「箱根地区水道事業包括委託」ほか ・水道事業者(市町村等)への委託：19箇所(13水道事業者)「福岡地区水道企業団多々良浄水場」「横須賀市小雀浄水場」*ほか
DBO(デザイン・ビルド・オペレーション)	地方自治体(水道事業者)が資金調達を負担し、施設の設計・建設・運転管理などを包括的に委託	6箇所(7水道事業者)「会津若松市滝沢浄水場等」「見附市青木浄水場」「松山市かきつばた浄水場等」「四国中央市中田井浄水場」「佐世保市山の田浄水場」「大牟田市・荒尾市ありあけ浄水場」
PFI(Private Finance Initiative)	公共施設の設計、建設、維持管理、修繕などの業務全般を一体的に行うものを対象とし、民間事業者の資金とノウハウを活用して包括的に実施する方式	12箇所(8水道事業者)「横浜市川井浄水場」「岡崎市男川浄水場」「神奈川県寒川浄水場排水処理施設」「東京都朝霞浄水場・三園浄水場常用発電設備」ほか
公共施設等運営権方式(コンセッション方式)	PFIの一類型で、水道施設の所有権を地方自治体が有したまま、民間事業者が運営権を持って事業実施する方式	ゼロ ※下水道については静岡県浜松市が実施中

(注)＊正しくは、横浜市小雀浄水場。
(出典)平成30年度 第4回官民連携推進協議会「水道事業における官民連携について～最近の水道行政の動向～」より筆者作成。

⑤指定給水装置工事事業者制度の改善。

いずれの改正点も、基本的には日本の水道事業がかかえる課題への対応策として位置づけられている。水道を自治体が適切に維持していくためにも、基盤強化すなわち人員の確保や経営の改善策は必要であり、この主旨自体は正しい。しかし、改正審議の前後から、この法案は「水道民営化法案」と称された。理由は、④「官民連携の推進」が含まれているからである。

ここで言われている「官民連携の推進」とは、ＰＦＩ法に規定されている「公共施設等運営権方式（コンセッション方式）」の仕組みを活用し、民間の水道事業者が水道施設の運営権を所有し、水道の管理・運営をするというものだ（ＰＦＩ法に関しては2節参照）。

二〇一一年のＰＦＩ法改正によって、水道事業にコンセッション方式を適用できる状態がすでに整えられていた。だが、民間企業は水道法上の事業認可を得なければならない。その際の企業側の責任やリスクの大きさ（たとえば災害時の対応）が参入のネックになっていた。そこで、一八年の水道法改正では民間企業が参入する際のハードルを低くし、リスクをより軽減することで、事業参入を促す内容が盛り込まれたのだ。具体的には、給水責任を自治体に残したうえで、企業は事業認可を得ずに、厚生労働大臣の許可を受けてコンセッション方式の実施が可能になる。

法改正がなされた直後の二〇一九年二月時点で、水道のコンセッション方式の実施自治体はゼロである（**表３－１－１**）。しかし、政府には法改正を弾みに一つでも増やしたいという意向がある。

一九八〇年代から始まり、九〇年代後半に加速化された規制改革・規制緩和と公共サービスの民間委託・民営化の流れのなかで、今回の水道法改正は重要な意味を持つ。これまでの個別業務の民間委託とは異次元の、「企業への運営権の売却」が進んでしまうからだ。

二　ＰＦＩ法の概要と問題点

各国を席巻したＰＦＩ

「水道民営化」を推進するもう一つの重要な法律が、ＰＦＩ法である。ＰＦＩとは、Private Finance Initiative（プライベート・ファイナンス・イニシアティブ）の略語で、公共施設などの建設や維持管理、運営を民間の資金や技術、経営ノウハウを使って効率化したり、サービスの向上を図ろうというものである。

ＰＦＩの手法は、公共サービスの民営化を率先して進めてきた英国で生み出された。一九八〇年代のサッチャー政権下で、水道、電気、石油、ガス、鉄道、航空などが民営化されていく。以後も民営化路線は変わらず、九二年のメージャー政権下では「完全民営化に準ずる施策」と位置づけられる。その後は「英国に倣え」と各国で採用された。財政逼迫のもとで老朽化したインフラを短期間に整備するためには、「ＰＦＩが唯一の解決策」とされたからだ。

日本でも一九九〇年代後半から、新自由主義の波が到来し、「小さな政府」をめざして多くの規制緩和・規制改革政策が実施されるようになる。小渕内閣・森内閣での行政改革推進本部による「規制緩和推進三か年計画」や、小泉内閣の総合規制改革会議による「規制改革推進三か年計画」など、規制改革を推進する組織が政府につくられ、財界から委員が参画した。「規制緩和＝善」「官(公)によるサービスは非効率、民営は効率的」という考えが一貫して強調され、多くの公共サービスの民営化方針が打ち出され、現在まで続いている(**表３－１－２**)。

表３－１－２　日本の規制緩和・規制改革と公共サービス民営化の動き

年	法律・政策・政府の動き
1997	財政構造改革法制定
1999	PFI 法制定
2002	構造改革特区法制定、水道法改正
2003	公の施設の指定管理者の導入(地方自治法改正)、地方独立行政法人法制定
2006	市場化テスト法制定
2007	郵政民営化
2009	公共サービス基本法制定
2011	総合特区法制定、PFI 法改正
2013	国家戦略特区法制定、PFI 法改正
2016	PFI 法改正
2018	PFI 法改正、水道法改正

(出典)筆者作成。

こうした流れのなかで、日本でも一九九九年にＰＦＩ法が制定され、この手法が本格的に導入された。ＰＦＩ法の対象は大きく以下の四つに分けられる。そして、すでに多くの事業で実施されている。

①公共施設――道路、鉄道、港湾、空港、河川、公園、水道、下水道、工業用水道など

②公用施設――庁舎、宿舎など

③賃貸住宅および公益的施設――賃貸住宅および教育文化施設、廃棄物処理施設、医療施設、社会福祉施設、更生保護施設、駐車場、地下街など
④その他――情報通信施設、熱供給施設、新エネルギー施設、リサイクル施設、観光施設、研究施設、船舶・航空機などの輸送施設、人工衛星

官民連携(PPP)のさまざまな方式

PFIは、「官民連携(PPP：パブリック・プライベート・パートナーシップ)」という大きな枠組みの一つである。官民連携は、公共(自治体)と民間企業の関与の度合いや責任・所有のあり方によって、いくつかのパターンに分類できる(**図3-1-2**)。指定管理者制度や包括的業務委託など、日本で浸透している方法も含まれる。PFIにも、コンセッションやBOT、BTOなどさまざまな方法が存在する。

図3-1-2では、左下が公共(自治体)による所有・運営方式であり、右上は完全に民間企業が担う(完全民営化)。誤解が多いのは、すでに多くの自治体が実施している個別事業の業務委託や包括的業務委託、指定管理者制度と、コンセッション方式の混同だ。水道法改正時に問題とされたコンセッション方式は、施設の所有権は自治体が持ちつつ、運営権を企業に売却する。「完全民営化」とは異なるものの、サービスの提供に関するあらゆる権限を含む運営権が企業の手に移るため、「ほぼ民営化」「完全民営化の一歩手前」と呼んでいい。自治体は企業経

図3－1－2　官民連携(PPP)のさまざまな方式

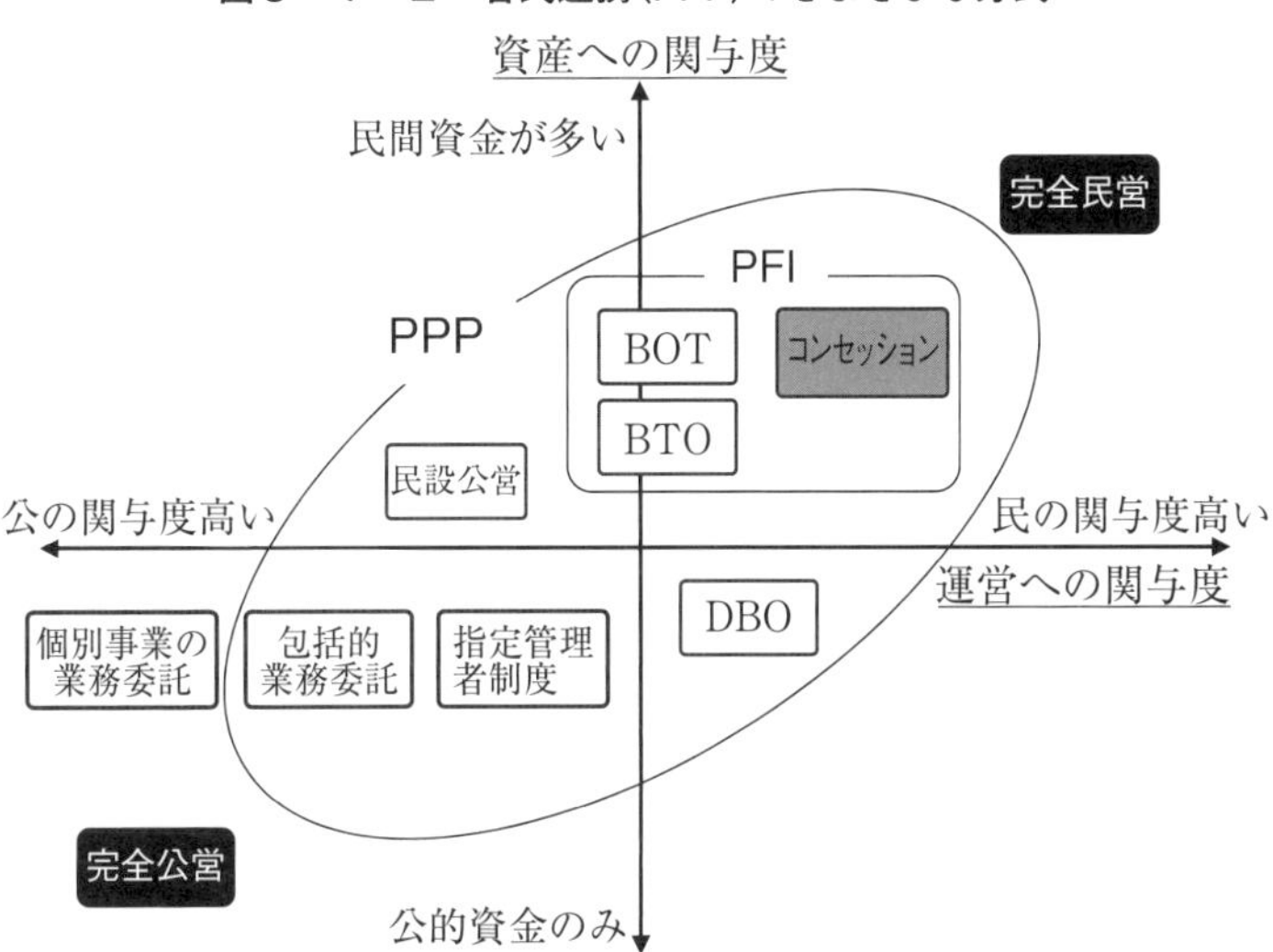

(注)BOT(Build-Transfer-Operate)は、施設の完成直後に所有権が公共に移転し、民間事業者は維持管理・運営を行う方式。BTO(Build-Operate-Transfer)は、施設完成後も所有権が民間に残り、維持管理・運営期間が満了した時点で公共に移転する方式。DBO(Design Build Operate：公設民営)はPFIに類似した方式の一つで、公共が資金調達を負担し、施設の設計・建設、運営を民間に委託する方式。
(出典)各種資料より筆者作成。

営に関する意思決定には参加できず、得られる情報も限られる。

一方、個別事業の業務委託や指定管理者制度などは、自治体が単年度の一般競争入札を通じて、民間事業者に資金を支払って事業を担ってもらう方式である。両者は、オーナーシップ(所有・管理権)と資金の流れという面で根本的に異なる。図中で言えば、左下の領域に事業が存在していれば事業の所有・管理権は自治体側にあるが、右上の領域に近づけば近づくほど自治体の所有・管理権は減少し、最終的には「完全民営化」となる。

コンセッション方式の問題点

水道事業にコンセッション方式が導入された場合、どのような問題や懸念があるだろうか。水道事業の課題は、民間からの投資によって解決するのだろうか。

まず、公共性がきわめて高い水道事業を運営権の売却という形で民間企業に委ねてよいのかという本質的な問題がある。コンセッション方式で事業を運営する民間企業の原理は利益の追求であり、そのステークホルダー（利害関係者）は株主であって、住民ではない。このことが、コンセッション方式で多くの問題や懸念を生み出す根幹にある。

民営化のトップランナーであった英国の会計検査院は二〇一八年一月に、PFIの「対費用効果と正当性」に関する調査の報告を行い、デメリットのほうが多いと述べた。過去四〇年にわたって行ってきたPPP／PFIは「失敗」であると評価したのだ。多くの国々で、公共性や公共サービスのあり方が、地域主権と自治、新自由主義への批判という観点から捉え直されている。私たちが始めるべきは、この地点からの議論だろう。

これまでは自治体が住民に直接、水道サービスを提供してきた。コンセッション方式になれば、運営の中心は民間事業者（企業）となる（**図3－1－3**）。民間事業者（企業）には、金融機関や投資家からの融資・投資や出資者からの資本金などが集まる。運営権は物権であり、抵当権

図３－１－３　公共主体と民間事業者による運営の違い

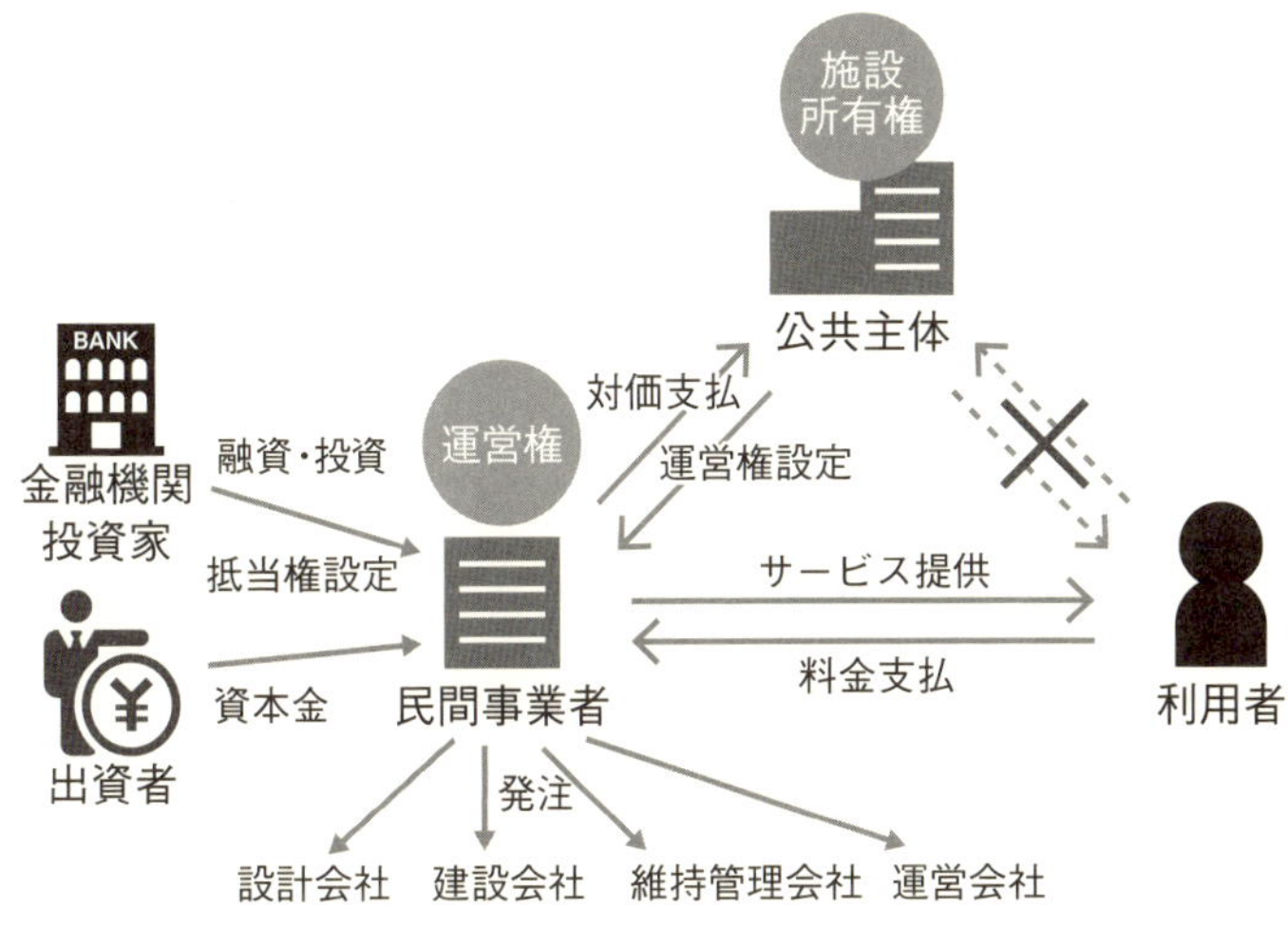

（出典）各種資料より筆者作成。

の設定が可能であるため、経営が悪化すれば抵当権の売却も可能になる。水道事業にコンセッション方式を導入する際の主な懸念や問題点は、以下のようにまとめられる。

①水道料金の上昇

水道料金が必ず値上げされると断定はできない。とはいえ、過去の海外の事例を見るかぎり、多くの自治体で値上げされている。もちろん、あらかじめ上限額が各自治体の議会で承認され、改定する場合も議決が必要だ。ただし、仮に契約して五年後や一〇年後に企業側から値上げ提案がされた際、その可否を議論する情報や知見が議会側になければ、提案を受け入れざるを得ないことになる。

②水質の低下

コンセッション方式の大きな特徴の一つは、契約期間が二〇～三〇年と長期間にわたることだ。政府は「民間であれば競争原理が働く」とするが、それは事業者選定の際である。契約を交わした後は一つの企業（コンソーシアム（共同事業体）の場合もある）による独占状態となり、競争原理は働かない。それゆえ、コスト削減や利益追求の結果として、水質の低下などが懸念される。このことは英国会計検査院のレポートでも指摘されている。

③災害時の対応は十分か

施設・設備の所有権を自治体が、運営権を民間企業が持つことになる。災害時には水道管などの設備が壊れ、水道の供給ができなくなるというように、両者は連動している。迅速な判断を求められる災害時に、自治体と民間企業が意思疎通をして復旧作業にあたれるのか、その際の費用負担と責任はどうなるのかなど、不透明な点が多い。したがって、自治体（すなわち住民）のかかえるリスクが大きい。現在は「公公連携」として他の自治体職員が迅速に災害現場にかけつけているが（第5章3参照）、民間企業が運営権を持つ方式で同様の連携が取れるのか不明である。

④地域経済への影響

水道に関わる業務の多くは、単年度の一般競争入札によって自治体から各事業者へ発注されている。「町の水道屋さん」という言葉が表すように、管工事業者など多くの地元企業が地域の水道を支えているのだ。コンセッション方式では大手水道企業やゼネコンなどからなる共同事業体が自治体と契約する場合が多く、彼らが建設や管理に携わる下請企業を自由に決めて発注できる。コスト削減のため系列子会社へ丸投げされ、地元の小規模事業者に仕事が発注されなかったり、されたとしても安価になる可能性があり、地域経済への影響が懸念される。

⑤職員と技術が失われる

自治体の水道職員の減少がさらに進む。民間企業の職員数は、自治体の場合と大きく変わらないかもしれない。しかし、「公共サービスを担う自治体職員」と「民間企業の社員」は本質的に異なる。また、長期にわたるコンセッション契約のもとで、自治体が蓄積してきた水道に関する技術や経験が失われていく。その結果、契約期間終了後の再公営化という選択の可能性は低くなるだろう。

⑥自治体によるモニタリング（監視）は可能なのか

水道法改正審議の際に政府は、「運営権が企業に移ったとしても、自治体側がきちんと事業のモニタリングをするので問題ない」という姿勢をとった。だが、運営権の移行は業務に携わる職員や意思決定メカニズムの移行であり、自治体にはモニタリングをする能力自体がなくなる。運営権を企業が握るなかで、自治体がどこまで日常業務や財務諸表をチェックし、問題があれば是正するように提言できるのかは、疑問である。

⑦自治体や住民への情報や財務の開示など透明性は担保されるのか

英国会計検査院は、ＰＦＩのデメリットとして、「性能発注であるため業務プロセスが分かりにくく、価格上昇やサービス低下が起きても原因が判明しにくい」「業務委託先が共同事業体参加企業であることが多いために、個別業務間の責任の所在と資金の流れが不明確になる」と指摘している。業務委託をする際は一般的に、行政が発注内容や実施手法について詳細に仕様を規定する（「仕様発注」）。一方、コンセッション方式で多く採用される「性能発注」では、行政は事業に求める「性能」のみを規定し、仕様は事業者に任せる。事業者側は多様な選択肢が得られるが、行政にとっては不透明性が高まる。

海外の他の事例でも、自治体や住民に対する企業側の情報開示や説明責任が不十分であったケースは多い。とりわけ、財務諸表や運営経費、役員報酬や株主配当などが自治体や住民に対して開示されないとすれば、重大な問題である。

訴訟や手抜き工事の可能性

このほかにも、実際に複数の問題がすでに起きている。たとえばポルトガルのバルセロス市では、契約時に想定されていた給水量や料金収入に満たなかったため、企業が同市に対して賠償請求訴訟を起こした。英国では、病院・学校・鉄道などさまざまなＰＦＩ事業を担っていた大手ゼネコンのカリリオン社が二〇一八年に経営破綻。公共サービスを民間企業にゆだねることのリスクに英国中の市民が震撼させられた。

日本のＰＦＩ事業を振り返っても、民間企業のコスト削減・利益追求という方針のもとで、事故や倒産などが多く発生している。

たとえば二〇〇五年の宮城県沖地震の際に、仙台市泉区でＰＦＩ事業として運営されていたスポーツ施設「スポパーク松森」で、プールの天井崩落事故が起き、約三〇名が負傷した。施工業者は建築基準を満たしていると主張したが、事故後の調査で手抜き工事が発覚。仙台市の監督・管理責任が問われた。

ごみ焼却施設の余熱を活用した福岡市の複合健康施設「タラソ福岡」（二〇〇二年オープン）では、入場者数が当初の見込みを下回り、初年度決算で六〇〇〇万円の損失を計上した。その後、事業者は経営破綻し、施設運営はさまざまな企業を転々とする。福岡市は度重なる事業者公募をしなければならず、費用負担も強いられた。

こうした経験をふまえて、水道事業の運営を民間企業に任せてよいのか改めて問わなければならない。

三　日本の水道民営化の意図

ＰＦＩ推進のためのアメとムチ

ＰＦＩ法は一九九九年に施行されて以降、現在までに六回も改正されている。その背景には、政府が期待したほどＰＦＩ事業の件数も契約金額も伸びていないという実態がある。

ＰＦＩ法施行以降のＰＦＩ事業の件数と契約金額の推移が**図３―１―４**である。政府は法改

図３－１－４　PFI事業の件数と契約金額の推移（累計）（2018年３月31日現在）

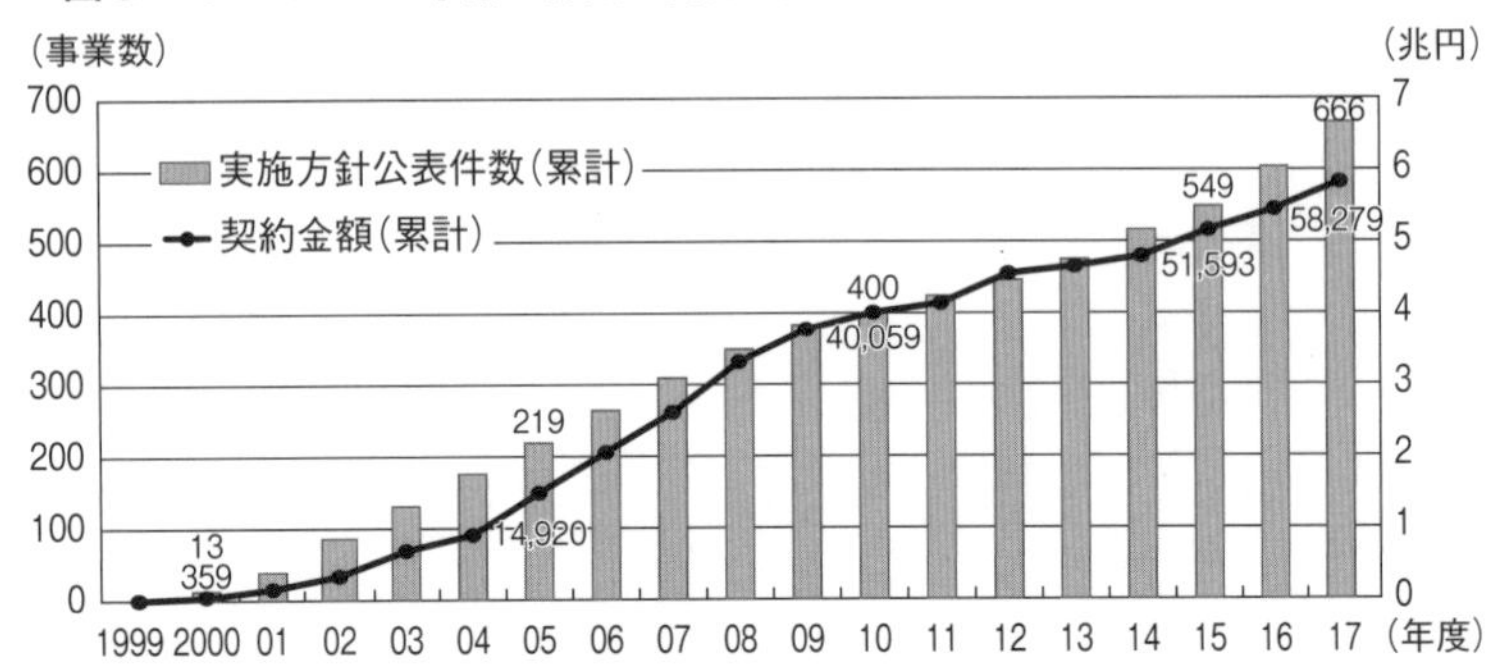

（出典）「PFIの現状について」（内閣府民間資金等活用事業推進室、2018年より筆者作成）。https://www8.cao.go.jp/pfi/pfi_jouhou/pfi_genjou/pdf/pfi_genjyou.pdf

正やさまざまな推進策を実施し、自治体に対してPFI事業の採用を強く働きかけてきた。そこには、財政的な優遇措置と厳しい通達などによる押し付けの両面がある。いわば「アメとムチ」を使った強要だ。

たとえば二〇一三年六月、政府は「PPP／PFIの抜本改革に向けたアクションプラン」を策定した（以降、毎年改定）。ここでは、一三～二二年度の一〇年間で、一〇兆～一二兆円のPPP／PFI事業推進が目標とされた。一三年時点での契約金額総額は約四兆六五〇〇億円であるため、一〇年間で二～三倍近くに増やそうという野心的な計画である。さらに、わずか三年後の一六年五月に出された新たなアクションプラン（PPP／PFI推進アクションプラン）では、目標額が二一兆円という驚くべき数字に引き上げられている。

しかし、政府がいくら音頭を取ったとしても、事業主体である自治体がコンセッション方式を導入する判断をしなければ、計画は絵に画いた餅である。そこで、総務省は二〇一四年四月、自治体に対して、「公共施設等総合管理計画」の策定を要請し、同時に各自治体が保有する公共施設について、建設年や老朽化の度合いなどを記録した固定資産台帳の作成も求めた。

表向きには、自治体のインフラの適切な更新や住民への公共サービスの拡充が謳われている。だが、この際に出された指針には、民間施設による代替可能性を考慮した行政サービス水準の検討などとともに、「ＰＰＰ／ＰＦＩの活用について」という項目がある。そこでは、次のように書かれている。

「公共施設等の更新などに際しては、民間の技術・ノウハウ、資金等を活用することが有効な場合もあることから、総合管理計画の検討にあたっては、ＰＰＰ／ＰＦＩの積極的な活用を検討されたいこと」

さらに政府は、二〇一六年度末までに公共施設等総合管理計画を策定した自治体に対しては、策定に必要な経費に特別交付税措置[5]を採るとした。しかも、策定された計画に基づき実施された事業については、「公共施設等適正管理推進事業債」の活用も認めるとした。財政的なインセンティブを与えることで、ＰＰＰ／ＰＦＩ事業の拡大を図ったのだ。

これらに加えて二〇一五年一二月、内閣府は「多様なＰＰＰ／ＰＦＩ手法導入を優先的に検討するための指針」で、自治体への「ＰＰＰ／ＰＦＩ優先的検討規定」の策定を要請する。そこでは、①総額一〇億円以上の建設・改修などを伴う事業、または②単年度事業費が一億円以上の運営・維持管理事業について、「ＰＰＰ／ＰＦＩ手法の導入が適切かどうかを、自ら公共施設等の整備を行う従来型手法に優先して検討すること」とされている。

これに基づいて「簡易な検討」を自治体が行った結果、ＰＰＰ／ＰＦＩの導入に適しないと評価された場合には、外部コンサルタントを起用するなどして、費用の詳細比較を行わなければならない。その結果、自治体がＰＰＰ／ＰＦＩを導入しないと判断した場合は、その旨および評価内容のインターネットへの公表まで求めた。

このように政府のＰＰＰ／ＰＦＩ推進は年々勢いを増し、自治体の自主的・自律的な判断を歪めるまでに至っている。

上下水道事業に重点を置いた二〇一八年のＰＦＩ法改正

こうした流れのなかで、水道法改正の約半年前の二〇一八年六月に六度目のＰＦＩ法改正が行われた。そこでは、前述の二二年度までの事業規模目標を達成するために、「国際会議場施設等のコンセッション事業の実施の円滑化」とともに、「上下水道事業におけるコンセッション事業の促進に資するインセンティブ措置を講ずる」として、上下水道事業が重点化されている。

改正法案の審議過程はマスメディアからまったく無視され、短時間の審議で可決されたが、これまでの改正とは異なる次元で自治体の判断に政府が介入する危険をはらむ内容である。この改正によって、ＰＰＰ／ＰＦＩ事業に関する内閣総理大臣の関与が法的に位置づけられることになった。具体的には、以下の三点だ。

①自治体や民間事業者が内閣総理大臣に対し直接、ＰＰＰ／ＰＦＩ事業に関する国等の支援措置や規制について問い合わせできる。

②内閣総理大臣は問い合わせに対して、回答もしくは助言を行うことができる。

③内閣総理大臣は自治体に対し、実施方針に定めた事項などについて報告を求め、または助言や勧告をできる。

政府はこれを「助言機能の強化」と名付けている。だが、仮に民間企業から「ある自治体の水道事業を担いたい」という問い合わせが内閣総理大臣にあり、その自治体は「コンセッション方式は採用せず、公営のままとする」と決めていたとしよう。その場合、法改正の意図をふまえれば、内閣総理大臣が自治体の長に対して、「なぜコンセッション方式を採用しないのか」の報告を要請できる。さらに「コンセッション方式を推奨する」という助言、「コンセッション方式を導入すべきである」との勧告まで可能となる。自治体にとっては、拒絶が難しい「強要」とも言えるレベルだ。

一方、民間企業にとっては、内閣総理大臣が相談に乗ってくれるというのだから、これほど心強くありがたい話はないだろう。一部の利害関係者による密室での決定が、いかに公共政策を歪め、また利益相反が起こる温床となるかは、森友学園の事件（大阪府豊中市の国有地不当売却）で明らかとなった。国家戦略特区をめぐっても、民間議員である竹中平蔵氏が自ら会長を務める人材派遣会社を事業者に選定した。ＰＦＩ事業が「第二、第三の森友学園」となる危険性は十分にある。

さらに、この改正では、「水道事業等に係る旧資金運用部資金等の繰上償還に係る補償金の免除」として、二〇一八年度から二一年度までの四年間に上下水道のコンセッション方式を実施した自治体には、国から貸し付けを受けた当該事業の融資（地方債）の繰り上げ償還を認め、元金以外の補償金を受領しないとされた。簡単に言えば、コンセッション方式を導入した自治体は国に支払うはずだった利息を全額免除される（返済済み分は除く）のだ。

私たち市民は、政府のなりふりかまわぬコンセッション方式推進策に自治体が流されないように、水道の公共的な役割を捉え直したうえで、議員や議会に強く働きかけていくべきだろう。

国際的水ビジネス市場への参入

日本政府はなぜ、ここまでＰＦＩやコンセッション方式を無理に導入し、水道民営化を進めたいのだろうか。

一つは、規制緩和による民間投資の拡大だ。外資系も含む民間企業を日本の水道事業へ参入させることで、自治体の財政難を解決すると同時に、経済成長を達成する。政府・自治体の支出を削減する「小さな政府」の路線である。

より大きな理由は、日本政府と企業による国際的水ビジネス市場への参入だ。世界の水需要は増え続けるが、地球温暖化などの影響で水資源は枯渇している。一方で、中国やインドをはじめとした新興国、東南アジアの国々では、人口増加や経済発展・工業化が進み、水道や水処理の需要が急速に高まると見込まれる（図3−1−5）。二〇二〇年にはアジア地域が世界市場の三分の一程度を占めると予想され、既存のグローバル水企業をはじめ、新興国の水企業、さらに現地企業の巨大マーケットとなっている。

　ここに、日本企業が積極的に参入していこうというのが政府の考えである。政府開発援助も用いながら、文字どおり官民あげてのグローバル水企業の育成と水市場の開拓

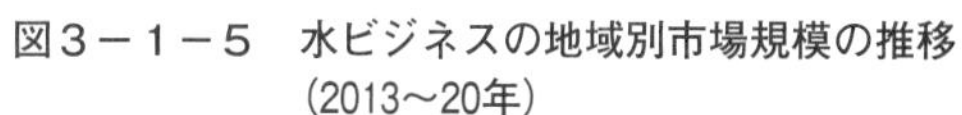
図3−1−5　水ビジネスの地域別市場規模の推移
(2013〜20年)

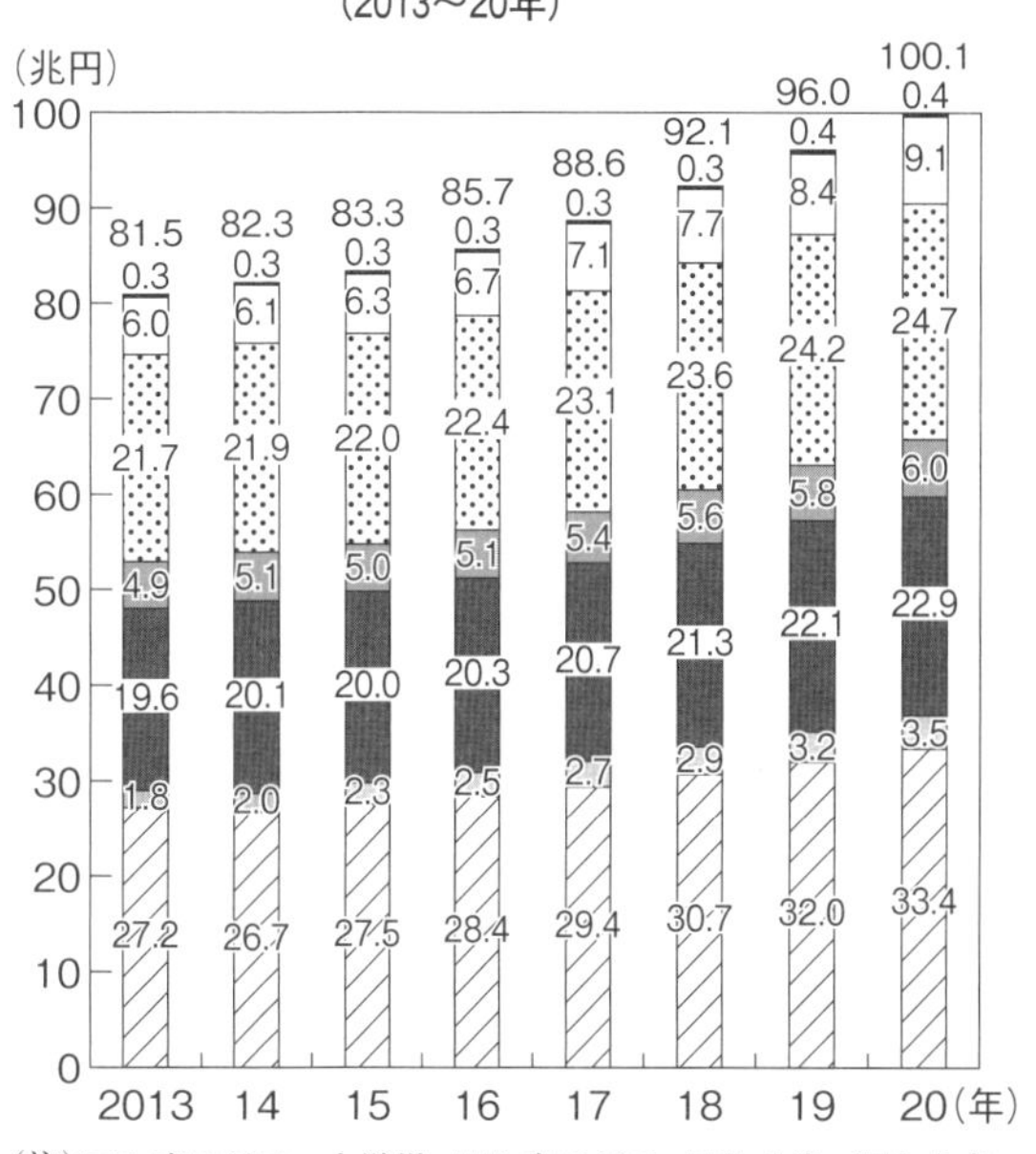

（注）東アジア・大洋州、南アジア、北米、中南米・カリブ海、欧州・旧ソ連、中東・アフリカ、その他。
（出典）経済産業省「我が国水ビジネスの海外展開」2017年3月。https://www.meti.go.jp/press/2016/03/20170313001/20170313001-2.pdf

が進められている。

世界の水市場が日本企業のターゲットとして明確に設定されたのは、二〇〇八年ごろにさかのぼる。厚生労働省は〇八年の「平成二〇年度水道国際貢献推進調査」[6]で、こう述べた。

「(日本が)世界のトップランナーたる水道を形成してきた経験及び知見等を……最大限に活用……日本の水道産業が日本の国内市場にとどまらず、アジアをはじめとする国際市場という新たな市場に挑戦していこうとする」(傍点筆者、以下同じ)。

翌二〇〇九年一〇月、経済産業省は専門家や企業人による「水ビジネス国際展開研究会」を開始した。同研究会は一〇年四月、「水ビジネスの国際展開に向けた課題と具体的方策」[7]という報告書をまとめ、成長する水市場の重要性を指摘したうえで、日本企業の進出状況の遅れと弱みについて以下のように分析している。

「弱みは、我が国の水事業が長らく公営事業として実施されてきたため、我が国企業には、海外事業案件の入札に際し必要とされる程度(給水量・給水人口、年数)の水事業の運営・管理にかかる経験がないことがあげられる。また、従来公共事業を中心に原価主義で事業を行ってきた企業の、顧客ニーズに応えつつ国際的に競争力のある価格を提示するための低コスト化も課題となっている」

そのうえで、これから日本企業が海外市場を獲得するべきと提言する。

「国内での包括的民間委託や海外での事業を通じて事業運営のノウハウを吸収・蓄積するこ

とで、安定した事業運営を行う。このように、水事業の受注と事業運営を重ねることで、段階的に市場シェアを拡大し、長期的に我が国企業が水事業分野において世界的に優位な地位を確保することを目指す」

官民連携での海外展開が進んでいる

二〇一〇年には、国土交通省、厚生労働省、経済産業省や東京都、大阪市、水関連企業などで構成される「海外水インフラＰＰＰ協議会」が設置された。「水源確保から上下水道事業までの水管理をパッケージとして捉え」、官民連携による海外展開を推進する組織である。

さらに、安倍政権下での「日本再興戦略二〇一六—第四次産業革命に向けて—」（二〇一六年六月二日閣議決定）[8]でも、「海外の成長市場の取り込み」の一環として、「二〇二〇年までに中堅・中小企業等の輸出額二〇一〇年比二倍を目指す」「二〇二〇年に約三〇兆円（二〇一〇年：約一〇兆円）のインフラシステムの受注を実現する」などが目標として掲げられた。ここには水道インフラも含まれる。

政府の意図は、国内の水道を「民営化」して日本企業に管理・運営の経験値を積ませてグローバル水企業へと育て、アジアはじめ途上国・新興国へ進出させようとするものだ。進出企業として考えられるのは、たとえば、水ｉｎｇ、ウォーターエージェンシーなど水道関連企業のほか、最近では横浜ウォーター（横浜市水道局が一〇〇％出資）や東京水道サービス（東京都水道局が五一%出資)など、自治体の水道局が出資する水道企業もあり、すでに国内外でビジネスを展開中だ。三菱商事や丸紅などの総合商社も、出資などを通じて世界の水ビジネスに参画している。

ここに、日本政府が熱心に水道の民営化を推進する最大の理由があるだろう。

なお、水道民営化については「外資に日本が売られる」という主張がよくなされる。だが、外資であれ国内企業であれ企業の目的は「利益の追求」にあり、その意味で主体が外資か国内企業かを問う意味はない。「日本が売られる」という論理は排外主義と容易に結びつき、日本企業の海外進出という政府が重点とする意図を見えなくする危険もある。

日本の技術水準は非常に高く、技術支援を通じた国際協力や個別分野での民間企業の活動の意義はあるだろう。しかし、運営権自体を買うというコンセッション方式や完全民営化を担う主体になることが推進されているとすれば、日本発のグローバル水企業が途上国・新興国の人びとの水へのアクセス権を奪いかねない。そのことに、私たちは無関心でいてはならないし、無関係ではあり得ない。すべての人にとって水は人権であり、自治の基本であることを再度確認したうえで、世界の運動とつながりつつ、新自由主義の波に抵抗していかなければならない。

(1) 厚生労働省「平成二九年度 現在給水人口と水道普及率」https://www.mhlw.go.jp/content/000501640.pdf

（2）公営企業の職員の労働関係については、一般の地方公務員とは異なる取り扱いがされており、地方公営企業等の労働関係に関する法律が適用される。

（3）公共料金などの額を決める際に、人件費や事業運営コストをすべて加味して適正な額を算出する手法。

（4）厚生労働省医薬生活衛生局「水道事業の維持・向上に関する専門委員会について」https://www.mhlw.go.jp/file/06-Seisakujouhou-10900000-Kenkoukyoku/0000067513_2.pdf、二〇一六年一一月。

（5）都道府県・市町村に特別な財政需要があるか、特別の財政収入減があったため普通交付税の額が財政需要に比べて過少であると認められる場合、その自治体に支給される交付税。

（6）厚生労働省「水道産業国際展開推進事業（報告書・成果物）」に各年度の報告書が掲載されている。https://www.mhlw.go.jp/stf/seisakunitsuite/bunya/0000103728.html

（7）https://www.meti.go.jp/committee/summary/0004625/pdf/g100426b01j.pdf

（8）https://www.kantei.go.jp/jp/singi/keizaisaisei/pdf/2016_zentaihombun.pdf

2 水道法改正前後の動きと「みんなの公共水道」への模索

辻谷貴文

なぜ水道法の改正が提起されたのか

二〇一八年一二月六日、改正水道法案が、与党である自民党・公明党および日本維新の会の賛成多数で成立した。だが、一七年の通常国会での法案提出以降、廃案や継続審議を繰り返し、多くの人びとから「水道民営化法案」と言われたこの法案への不安や疑問が解消されたわけでは、まったくない。ここでは、水道法改正に向けての政府の意図と経緯、そして改正後に何が起こっているのか、本来あるべき「公共水道」とは何かを、水道・下水道事業などに携わる労働者で構成する労働組合の立場から考えてみたい。

第3章1で述べられているように、各地の自治体による水道事業は現在、非常に困難な状況におかれている。一言で言えば、ヒト・モノ・カネのいずれもが厳しい状況で、持続可能性の危機に直面しているのだ。

こうした状況を受けて政府は「水道ビジョン（厚生労働省健康局、二〇〇四年）」「新水道ビジョン（同、二〇一三年）」を策定し、水道事業者に対して改善を促してきた。そこで提起されたのは、経営基盤の強化や近隣自治体（事業体）との連携を図る広域化などである。自治体の水道事業部門も、料金値上げを避けたい首長や議会を前にさまざまな策を講じながら、真摯に運営してきた。

その後、厚生労働省は二〇一五年から、水道事業の「基盤強化」に向けた論議を開始する。水道各界の有識者が委員となった「水道事業基盤強化方策検討会」が設置され、六回にわたって開かれ、一六年一月に「中間とりまとめ」で「基盤強化方策に盛り込むべき事項」をまとめた。そして、この「基盤強化方策」について、新たに設置された厚生科学審議会「水道事業の維持・向上に関する専門委員会」が、同年三月から一一月まで九回にわたって議論を重ねていく。

私が書記長次長を務める全日本水道労働組合（以下「全水道」）も、水道現場で働く労働者を代表して参加した。専門委員会が一一月にとりまとめた報告書は、「今後の水道行政において構ずべき基本的な方向性及び具体的な施策を提言」し、「法整備その他の必要な対応に早急に取り組まれたい」として、水道法の改正を要請した。

その「具体的な施策」には、水需要の減少や施設の老朽化、人材不足の現状などの課題解決に求められる内容が盛り込まれた。都道府県・市町村・水道事業体の責務の明確化や広域化の推進、適切な資産管理や官民連携の推進、指定給水装置工事事業者の問題など、多岐にわたるものである。専門委員会のとりまとめを受けた政府は、即座に法案作成作業に入り、翌二〇一七年一月からの通常国会への上程をめざした。

改正案に無理やり入れられたコンセッション方式

前回の水道法改正は二〇〇一年で(施行は二〇〇二年)、浄水場施設の運転管理や水質管理など水道施設の管理業務を、他の水道事業体や民間事業者も含めた第三者へ委託することが可能となった。いわゆる「第三者委託制度」の創設である。

そこには、水道事業の業務の一部を民間企業へ委託するように促す狙いがあった。第三者委託制度には、技術力に乏しい小規模事業体を大規模事業体が支える「公公連携」を進める狙いも含まれていたが、公公連携に関する制度的・予算的な措置は徹底されず、実質的には民間事業者の参入の道を開く。この結果、とくに浄水場の運転管理などを一括して民間企業が受託するケースが急速に拡大していく。

今回の改正はそれから一七年ぶりだ。関連業界や団体は法案の内容に注目した。ところが、提出された法案は専門委員会でまとめられた内容が取り入れられてはいるものの、一方で「官民連携の推進」として「運営権の設定(コンセッション方式)」が盛り込まれていたのだ。

公共財の産業化、いわゆる「民営化路線」を採り続けてきた安倍政権は、二〇一二年から加速度的に、空港・港湾・道路・下水道などの民営化を進め、さらに水道事業も民営化しようとしてきた。専門委員会では、運営権の設定に関わる具体的な問題点の検討もされていない。法案は、安倍政権が推進する公共サービスの市場化方針のもとで、官邸からの圧力を背景に作成されたのではないかと考えられる。

こうして水道法改正案は、各地域の水道事業の基盤強化を目的とする一方で「運営権の設定」が挿入され、「水道民営化法案」と呼ばれる危険な内容となった。二律背反する政策が混在した法案であると言えよう。全水道はじめ水道事業に関わる団体は、政府に経緯についての具体的な説明を求めたが、理解しうる具体的な回答はないまま、改正法案は二〇一七年三月に閣議決定された。

コンセッション方式の問題点は十分に審議されたのか？

そもそも水道事業における「運営権の設定」とは、各自治体が担う水道事業を民間企業に「事業運営する権利」として売却もしくは譲渡するものである。民間企業は水道事業の運営を通じて、料金を収受する権利を得る。

最大の問題は、物権である運営権を持った民間企業が運営権を担保に資金調達が可能となることである。これは、銀行のみならず、タックスヘイヴン（八九ページ参照）に拠点を持つグローバルファンドからの資金調達も含め、さまざまな手法による資金調達が可能であることを意味する。言い換えれば、私たちが水道を日々使うことで、外国の「モノ言う株主」や法外な報酬を得る「役員」が生まれかねないわけだ。

二〇一八年の通常国会では、衆議院での審議を経た時点で時間切れとなり、参議院での審議には至らなかった。その後の臨時国会で改めて審議がなされる。そこでヴェオリア社の日本法人の社員が、内閣府の民間資金等活用事業推進室に出向している事実が明らかになるなど(第4章1参照)、安倍政権とグローバル水企業との癒着構造が指摘された。「運営権の設定」は市民や利用者のためにならないことが明確になったと言える。

参議院厚生労働委員会での審議では、コンセッション方式を推進している村井嘉浩宮城県知事が法案に賛成の立場から参考人として発言した。一方、水ジャーナリストの橋本淳司氏と二階堂健男全水道中央執行委員長は、改正法案の問題点を明確に指摘。これに対して政府は、「コンセッションは民営化ではない」「厚労省は監視を強化する」という逃げの答弁ばかりで、納得できる答弁は得られなかった。

なかでも、「コンセッション方式で事業継続が困難となった事態もあらかじめ想定」「万が一再公営化せざるを得なくなった場合には、職員を自治体に復帰させる」など(たとえば七月四日に行われた衆議院厚生労働委員会における高木美智代副大臣答弁)の「ダメだったら元に戻せばいい」という政府答弁こそ、コンセッション方式のそもそもの問題を示すものだ。水道事業をはじめとする公共サービスに携わる職員は、「確実に、問題なく事業を運営する」という意識を持って取り組んでいる。政府答弁はこの公共サービスの本質を見失っているだけでなく、困難を乗り越えて実現した海外での再公営化事例すら理解していないことを露呈したものだ。

結果として、「充実した審議を」という世論の高まりにもかかわらず、与党の数の力によってわずか数時間の審議で法案は可決・成立した。民間事業者の許可基準やモニタリングのあり方、災害時や企業の経営悪化による撤退時の対応など、未解決の課題は山積したままである。

コンセッション推進が目的となっている改正後の議論

成立の直後から、法施行に向けての議論や検討が進められている。厚生労働省は、水道事業の維持・向上に関する専門委員会で、基盤強化をめざした法改正の目的変更に合わせて、「基本方針」（第五条）の具体的な内容を検討中だ。ここには私たちも現場労働者を代表する立場で、専門委員として参加している。大臣告示（行政庁が決定した事項を一般に公式に知らせる行為）という性格を持つ基本方針の内容は、人材の確保や水循環の視点など、水道を所管する厚生労働省水道課によって各関係者らの声を聞きつつ進められており、一定のレベルが確保されるであろう。

一方、「運営権の設定（コンセッション）」（第二四条）に関しては、厚生労働省が二〇一九年二月に「水道施設運営等事業の実施に関する検討会」を設置。「水道施設運営権の設定に係る許可に関するガイドライン」や、並行して刷新される「水道事業における官民連携に関する手引き」などを検討してきている。

ところが、基本方針の委員会と異なり、私たちはこの検討会への参画を拒まれているのだ（傍聴は可能）。議事録を見るかぎり、「とにかくコンセッションをやりやすいように」という推進への誘導としか捉えられないやり取りが行われている。

コンセッションの「許可基準」は厳格でなければならないし、その是非は地方議会で判断されるはずだが、「議会の議決で許可いただけないということが起きるとまずい」と速やかな許可のための「基準」が求められる。一方では、コンセッション事業者が「一旦ここでやめませんかという話ができるようしたい」と言う。

自然災害や渇水など水道事業に不可避の「リスク」についても、コンセッション事業者は「合理的な経営努力を以って」軽減するための検討が行われ、「当然撤退の自由はあってしかるべきだろうとは思う」などの意見が交わされている。コンセッションによる水道施設の「新設」や「ダウンサイジング」などＰＦＩの枠組みも拡大してコンセッションを進めたい、という発言も確認できる。

現時点でコンセッション方式に名乗りを上げている宮城県の運営権設定がいかにスムーズに成就するか、という方向の議論がなされているのだ。住民や受益者の視点から運営権のあり方が語られることはない。さらに、災害時の責任の所在、契約の取り消し、不利益に関する補填などのリスクはすべて自治体（市民）に押し付け、とにかく民間企業の儲けや利益が最大化される仕組みを追求していると受けとめられる議論が散見される。

この検討会の委員は、日本政策投資銀行のPPP／PFI担当者をはじめ、学識経験者や弁護士、日本水道協会幹部など八名で、現場労働者を代表する委員はいない。この委員選定はじめ、前述の専門委員会との関係や「基本方針」との整合性なども併せて、検討会のあり方には大きな疑問を抱かざるを得ない。これまでの検討の推移は、国会審議を軽視し、地域不在・住民不在・地場の企業や水道労働者不在の制度設計に邁進しているとしか思えない。地方自治がないがしろにされる事態を強く懸念する。

国会審議で根本厚生労働大臣が、「基盤強化に資するもの」として選択肢のひとつと述べた運営権の設定は、いつしか基盤強化のためではなく、コンセッション方式の推進自体を目的化しているのではないか。近い将来に来るであろう大規模災害に備えるためにも、現在の検討内容ではきわめて不十分である。基盤強化を目的とした水道法を守ることを最優先とし、特定の個人や私企業の利益ではなく、労働者・利用者の視点に立って「地域の水」を守る取り組みを貫かなければならない。

蛇口の向こう側に思いを寄せる

今後は各地域・自治体でコンセッション方式を導入するかどうか判断することになる。

私たちは、水道法施行に向けて各地域に示される基本方針やコンセッションのガイドラインについて、各省庁との細部にわたる調整や確認作業などを経て、広く市民に周知していかなければならないと考えている。私たちは、官(公)民連携そのものに異論を唱えているのではない。だが、現在は「民間金融機関がモニタリングに参加し、効率化できる」という言葉に代表されるように、きわめて一面的な捉え方でコンセッション方式のメリットだけが誇張されている。事業の基盤強化や持続的な水道事業に資することなく、デメリットも生じかねないという論点が決定的に欠けているのだ。

安倍政権が推し進めてきた政策は、本来のあるべき官(公)民連携までも形骸化させ、一部の者が儲かる仕組みへ転換することに終始している。省令やガイドライン、官民連携の手引きは完成しても、これまでの懸念は解消されないだろう。

市民一人ひとりにも課題はある。水道法改正審議の際には、多くの人びとが危機感を抱いたが、改めていま、それぞれが蛇口の水に思いを寄せて、自分たちの水道はどうあるべきかを真剣に考えなければならない。そこから、「みんなで考えるみんなの公共水道」を展望していこう。

公共の財産を使って利益を得ようとする人びとの台頭を許したのは、紛れもなく私たち市民一人ひとりである。毎日当たり前のように蛇口をひねり、当たり前に水を利用するなかで、蛇口の向こう側に対してあまりに無意識・無関心だったのではないか。生命維持のために水は欠かせないにもかかわらず、「人任せ」にしてきた。

実際に運んで見れば誰でも気づくが、水は思いのほか重く、移動するにはコストがかかる。だから先人たちは、水がある場所に集い、そこにコミュニティを形成してきた。文明の歴史が水のある場所から始まったことは言うまでもない。この原点に立たなければならない。「みんなの公共水道」を考える際には、地域の水を自分たちでコントロールできているのか、誰かに支配されていないか、という視点が重要である。自分たちの水（水道）は自分たちで守るという意識が共有されなければならない。

その意味で、現在の公営水道のあり方も十分ではない。形式的には、議会を通じて市民が水道を共同所有している。水道料金は、市場経済ではなく予算原理によって地方議会が決定する。公営水道は利潤を求めず、独立採算または一般会計からの繰り入れに支えられて経営されている。しかし、実際には水道の「共同所有」は、市民にどこまで認識されているだろうか。

水道は行政からの「サービス」として、「公」－市民の一方的な関係のもとで供給されているのではないか。具体的には、行政から委託されて働く職員が水道メーターを検針し、その数値に則って水道局が料金を計算し、その請求に従って私たちが料金を支払うという関係性である。ここには、市民の実態的な所有・管理や、市民と水道事業とのつながりはほぼ皆無だ。

私たちがこれから知るべきは、自分が使う蛇口から出る水がどこから来てどのように飲み水となるか、そのプロセスにおけるコストは水道料金にどう反映されているのかである。水道料金制度についても、なぜ逓増性なのか、それは合意性があるのかを、民主主義という観点から常に疑い続けなければならない。

フランスでは二〇一三年の法改正で、水道料金の滞納を理由に事業者が水道供給を止めることが違法となった。私たちの感覚では、「料金が支払えなければ止められる」のが当たり前のように思える。だがフランスは、「住民が料金をなぜ支払えないのか」という問題を行政や市民が共有しなければならないとしたのだ。このように、現在の制度や構造が当たり前とは思わずに、どうあるべきかの追求が重要である。

そう考えると、事業の経営形態としての「官（公）」か「民」かという二項対立の議論だけでは「みんなの公共水道」は実現しないことが分かる。公営水道を守るという防衛的な発想ではなく、未来志向と創造的思考で「あるべき水道の姿」を構想しよう。

水は自治の基本であり、水について考えることは「社会を考えること」と同義である。水から社会の変革につながる。「人口が急減するなかで、水道を含む多くのインフラはダウンサイジング（小規模化）だけで対応可能なのか」「都市のあり方自体を見直す必要があるのではないか」などをとおして、「みんなの公共水道」へ歩みを進めなければならない。

第4章 民営化が懸念される自治体

「命の水を守る全国のつどい・浜松」開催前のデモ

1 結論ありきの「コンセッション導入可能性調査」●浜松市

竹内 康人

黒字経営の水道事業にコンセッション方式を導入

長野県の諏訪湖から山地を抜けて天竜川が浜松市に水を運ぶ。水量は豊かで、地下水も多い。浜松市の水道事業の年間予算は一三〇億円程度で、黒字経営だ。浜松市は二〇〇五年に広域合併して、人口が八〇万人を超え、〇七年には政令指定都市となった。水道料金は、指定都市では大阪市に次いで二番目に安い。

民営化・規制緩和の動きに応じて、鈴木康友市長(二〇〇七年初当選、現在四期目、スズキなどの地元経済界が支援)は行政改革の名のもとで市の職員を一〇年間で一〇〇〇人以上減らした。水道職員は〇六年の二一九人から一七年には一五二人となり、三一%も減った。

また、鈴木市長は上下水道事業へのコンセッション方式(施設の所有権は自治体が持つが、運営権を設定し、企業に長期売却)の導入を計画した。二〇一八年四月には市の下水の約六割を処理する西遠処理区で、ヴェオリア社などが設立した浜松ウォーターシンフォニーによるコンセッション方式の経営が始まった。

上水道では、浜松市が二〇一八年二月に「浜松市水道事業へのコンセッション導入可能性調査業務報告書」(以下「導入可能性報告書」)をまとめ、三月には浜松市上下水道事業経営アドバイザー会議にその概要を示した。同会議では、ＰＦＩ(第3章1参照)導入による総事業費の削減割合の積算根拠、モニタリングの実施主体、更新投資等負担金の内容、地元業者の収益などの問題点が指摘されたが、市は導入の可否を一八年度中に決めるという姿勢を示した。

これに対して、四月に「人権平和・浜松」と反対市民有志で、浜松市上下水道部に水道民営化の中止を求める要請書を提出。九月から一一月にかけては「水・人権・自治講座」を開催し、この問題について学習を深めた。九月、浜松市の「上下水道事業のコンセッション方式に関するＱ＆Ａ」の内容に抗議し、導入に反対する要請書を再度提出すると、上下水道部は寺田賢次管理者(浜松市水道事業及び下水道事業管理者)との意見交換会を提案した。

それを受けて一〇月、市民有志と寺田氏との意見交換会をもった。交換会では、新たに作成した導入可能性報告書を批判する要請書を討論の柱とした。そこで、導入可能性報告書の受託業者が新日本有限責任監査法人(以下「新日本監査法人」)であることが判明した。

一〇月末には、浜松市に対してコンセッション方式関係資料の情報開示を請求した。請求したのは、市と国との協議について記した市の復命書(報告書)、新日本監査法人などのコンサル会社と市との契約書、コンサル会社が作成した報告書などである。「文書量が多い」という理由で閲覧は一二月になったが、この請求で、浜松市がコンサル会社に作成させた導入可能性報告書に添付された「参考資料集」の存在を知った。そこに収録された議事録には、市がコンセッション方式を最善とするよう求める発言など、市の報告書が「コンセッションありき」であることを示す記載があった。

その後も、浜松市上下水道部保管のコンセッション方式関係決裁文書、上下水道部から市長への調整用資料、水道部の関係議事録などの公開を求め、市の動きの把握に努めた。

ＥＹ新日本と内閣府民間資金等活用事業推進室の深い関係

新日本監査法人は、ロンドンを拠点とする会計・監査・コンサルティングのグローバル企業、アーンスト・アンド・ヤング（ＥＹ）社の傘下にある（二〇一八年にＥＹ新日本有限責任監査法人（以下「ＥＹ新日本」）と名称を変更した）。

ＥＹ新日本は、インフラへの民間資本の参入を進めるＰＦＩの制度設計から実務までをこなす人材を集めている。そして、政府関係者へのロビー活動を行い、コンセッション方式の導入を推進してきた。そのひとりが福田隆之氏だ。福田氏はＥＹ新日本のインフラ・ＰＰＰ支援室長となり、浜松市の下水道に関しては二〇一五年のアドバイザリー業務の主導者だった。一六年一月からは菅義偉（すがよしひで）官房長官の補佐官になり、内閣府でコンセッション方式の導入を進めた。

内閣府には民間資金等活用事業推進室（ＰＰＰ／ＰＦＩ推進室）がある。上下水道コンセッション方式推進に向けて、二〇一六年度第二次補正予算で一三・九億円を用意した。一次・二次の募集で、のべ一三自治体が支援対象とされ、浜松市には最大の一億三七〇〇万円が充てられる。その後、浜松市は四社にプロポーザル（企画提案）入札をさせ、一七年三月にＥＹ新日本が一億三六五四万九一五二円で受託した。内訳は、水道へのコンセッション方式導入可能性調査、デューディリジェンス（投資対象の資産規模）の調査、水道の経営状況の調査、コンセッション方式に関する民間企業の意向調査などだ。

民間資金等活用事業推進室では、ＰＦＩ推進委員会を開催してきた。その委員名簿（二〇一八年）には、新日本有限責任監査法人パブリック・アフェアーズグループ、パシフィックコンサルタンツ、三井住友トラスト基礎研究所、ＰｗＣあらた有限責任監査法人などに所属する人物の名前がある。コンサル会社が事業推進に参画し、情報を交換しているわけである。

福田氏は新日本監査法人在籍時の二〇一四年一一月に、厚生労働省で「コンセッションの概要と最新動向」の題で講演している。そこで、「水道事業・下水道事業は我が国で最大の公営インフラ」と述べ、水道事業料金収入二・七兆円弱、資産規模約三二兆円、下水道事業料金収入約一・四兆円、資産規模約六六兆円と試算した。上下水道の合計資産規模は一〇〇兆円近くとなり、年間料金収入は計四兆円を超える額となる。

インフラへの民間資本参入を狙い、その経営権を握って利益を上げる。そのための仕組みがコンセッション方式である。内閣府によるＰＦＩとコンセッション方式推進の動きは、厚生労働省水道課による二〇一七年二月の「トップセールス」リストにつながった。水道へのコンセッション方式導入を大阪市・奈良市・浜松市などの一九事業体に働きかけたのである。

二〇一八年一一月初め、福田氏は突然、補佐官を辞任した。その一方で、水道法の改正審議で、民間資金等活用事業推進室には一七年からヴェオリア社出身の伊藤万葉氏が在籍することが明らかになった。伊藤氏はＰＦＩ／ＰＰＰ推進協議会（ＰＦＩ推進に向けて自治体や企業が参加する組織）の水道事業官民連携推進部会にヴェオリア社から参加した後に、民間資金等活用事業推進室に入った。

内閣官房長官補佐官がＥＹ新日本出身者であり、民間資金等活用事業推進室にはヴェオリア社出身者、さらにそのＰＦＩ推進委員会にはコンサル会社関係者がいる。利害関係者が内部情報に接し、ＰＦＩの推進政策が誘導され、多額の補助金が用意され、結論ありきのコンセッション方式の導入可能性調査が進められる。これが安倍政権による官邸主導の「成長戦略」の内側である。

二〇一四年八月に決定された下水道へのコンセッション方式導入

浜松市による官民連携・コンセッション方式導入の動きは、二〇一一年の「水道事業官民連携検討調査業務」（日本経済研究所、委託費約八二〇万円）にさかのぼる。

西遠処理区における下水道へのコンセッション方式導入は、「西遠流域下水道事業調査業務」（ＥＹ新日本、委託費約一〇〇〇万円）の報告を受け、二〇一四年八月に決定されていた。それは、「西遠流域下水道の移管に伴う官民連携について」（一四年八月、上下水道部市長調整用資料）から判明する。この資料には、静岡県から浜松市に西遠処理区の三施設が移管された後、「一年は包括委託とし、その後の二〇年間をコンセッション方式とする」と記されている。包括委託とは、市が経営権を持ち、施設の維持管理を企業に委託する方式である。一七年一〇月にコンセッション方式の事業契約を結び、一八年四月から開始するというスケジュール表も示されている。

この決定を受け、浜松市はＥＹ新日本に、西遠処理区コンセッション方式の基本計画策定業務（二〇一四年、委託費二九九七万円）、アドバイザリー業務（一五年、委託費約二三九四万円）、公募支援業務（一六年、委託費約二三四〇万円）、契約等支援業務（一七年、委託費約一七四〇万円）などを委ねた。コンサル会社に多額の委託費が渡されたのである。

ＥＹ新日本は、二〇一八年のコンセッション開始後の西遠処理区の総合アドバイザリー業務と経営モニタリング補完業務も受託した。一三年から一八年にかけて、下水道関係でＥＹ新日本が浜松市から得たコンサル料は一億円を超える。

下水道へのコンセッション方式導入を決めた四か月後の二〇一四年一二月、鈴木市長は日本経済新聞社が主催するフォーラムで、「浜松市の挑戦～上下水道コンセッションによる成長戦略・行政改革～」の題で講演した。このフォーラムの後援は内閣府、民間資金等活用事業推進機構、日本政策投資銀行、特別協賛は新日本監査法人（当時）とアンダーソン・毛利・友常法律事務所。竹中平蔵氏、福田氏、村井嘉浩宮城県知事も参加した。コンセッション方式導入を進める者たちの結合を示すフォーラムである。

二〇一五年には内閣府が浜松市を習志野市、神戸市、岡山市、福岡市などとともに、PPP／PFIのモデル都市とした。日本政策投資銀行と日本経済研究所は、浜松市官民連携フォーラムを共催するなど浜松市と関係を深めていく。日本政策投資銀行は浜松市の水道の運営権対価（企業への運営権の長期売却に対する支払金）を三〇〇億円と見積もっている。

このような動きのなかで、浜松市役所上下水道部総務課には官民連携グループが置かれ、コンセッション方式が推進されてきた。

隠される協議事項、提案書類など

情報開示請求に際し、浜松市は数多くを隠蔽した。隠蔽の理由は、民間事業者の権利や利益を侵害する（創意工夫やノウハウに関する部分）、率直な意見交換を阻害し市民に混乱を生じさせる（国等との検討・協議部分）などである。以下、下水道コンセッション方式導入に関して隠蔽された主な箇所をあげてみよう。

①改築工事費

二〇一五年一一月の打合会——国税庁による改築工事費への課税対応など

二〇一六年二月の会議――改築工事費の金額

②日立製作所・ウォーターエージェンシーグループとヴェオリアグループ(ヴェオリア・ジャパン、ヴェオリア・ジェネッツ、ＪＦＥエンジニアリング、オリックス、東急建設、須山建設)から出された提案書の比較

二〇一七年三月の浜松市の審査における企業側提案を比較・整理した部分。維持管理分野で西遠処理区を三〇年にわたって運営してきた前者が高い得点を得たが、運営、改築、リスク対応、運営権対価などでは後者が高く得点し、合計点で後者が優先交渉権を得た。公開されたのは得点のみである。

③下水道基本料金の値上げに関する議論

ヴェオリアグループは二〇一七年五月に浜松ウォーターシンフォニーを設立し、一〇月に浜松市と契約書を締結した。契約書の原型を作成したのは、ＥＹ新日本が委託したアンダーソン・毛利・友常法律事務所である。同じ一〇月に浜松市は、下水道の基本料金を七九九円二〇銭から一一九八円八〇銭に値上げしている。それに関する議論が隠蔽された。

④改築工事費用の積算根拠と会社名

この契約では運営権対価を二〇億円とし、二五〇億円の改築工事も行うとされたが、二五〇億円の積算根拠が隠されている。改築工事費の九割は国と浜松市からの補助金である。コンセッション契約では、入札なしで契約企業の協力会社への事業委託が可能となる。

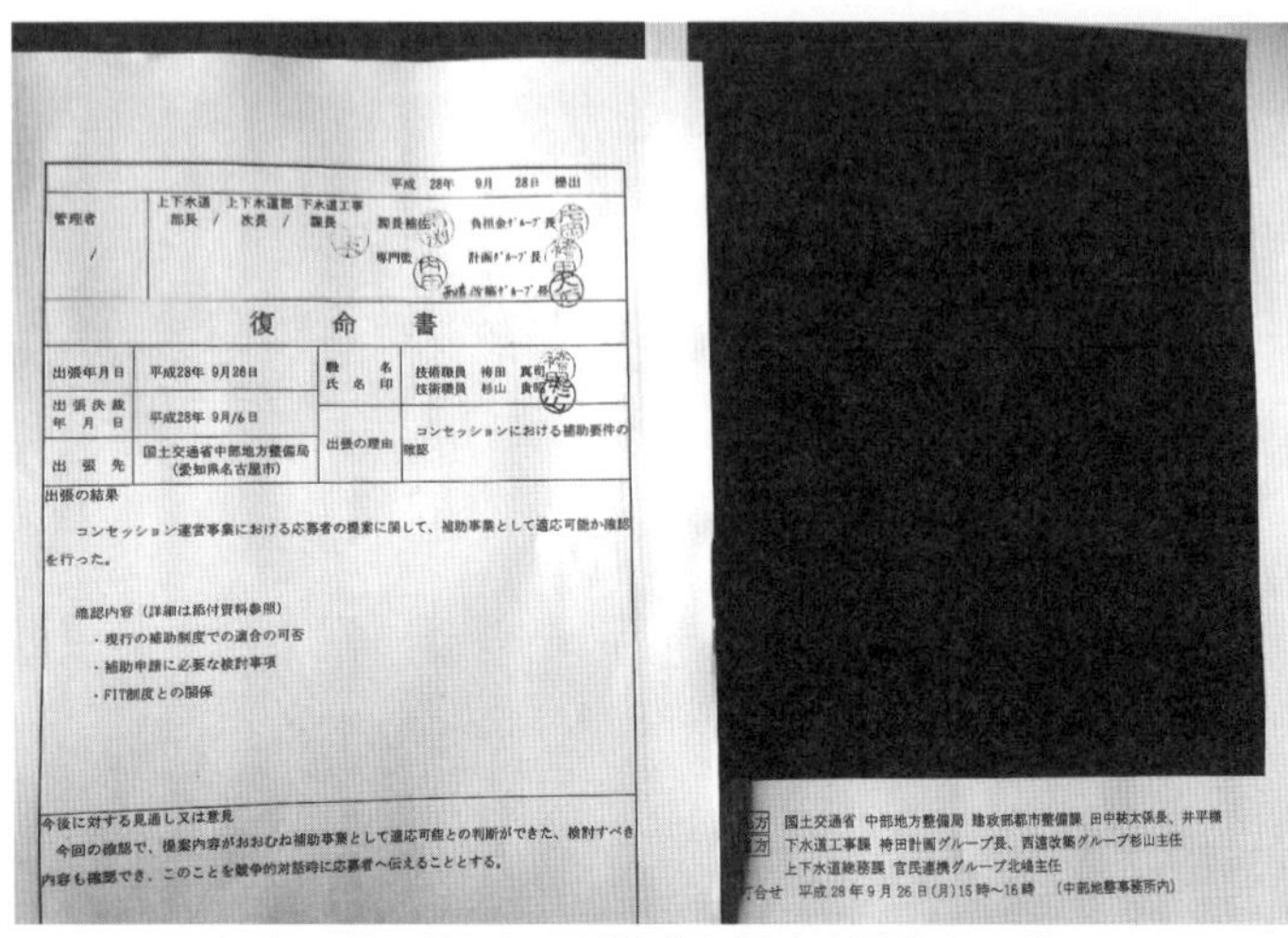

平成　28年　9月　28日　提出

管理者	上下水道 部長 / 上下水道部 次長 / 下水道工事 課長	課長補佐 専門監	負担金グループ長 計画グループ長 西遠改築グループ長

復　命　書

出張年月日	平成28年 9月26日	職　名 氏　名　印	技術職員　袴田　真司 技術職員　杉山　貴昭
出張決裁年月日	平成28年 9月/6日	出張の理由	コンセッションにおける補助要件の確認
出　張　先	国土交通省中部地方整備局 (愛知県名古屋市)		

出張の結果

コンセッション運営事業における応募者の提案に関して、補助事業として適応可能か確認を行った。

確認内容（詳細は添付資料参照）

・現行の補助制度での適合の可否

・補助申請に必要な検討事項

・FIT制度との関係

今後に対する見通し又は意見

今回の確認で、提案内容がおおむね補助事業として適応可能との判断ができた、検討すべき内容も確認でき、このことを競争的対話時に応募者へ伝えることとする。

方　国土交通省　中部地方整備局　建政部都市整備課　田中技太係長、井平様

方　下水道工事課　袴田計画グループ長、西遠改築グループ杉山主任

上下水道総務課　官民連携グループ北嶋主任

合せ　平成28年9月26日(月)15時～16時　（中部地整事務所内）

2016年９月に行われた浜松市と国土交通省とのヴェオリアグループの提案事項に関する協議を示す復命書

改築工事を請け負ったのは、ヴェオリア・ジャパンが株式の過半数を持つグループ企業の西原環境である。西原環境は二〇一七年度からヴェオリアグループの一員として市との協議に出ていたにもかかわらず、ＥＹ新日本の支援業務の議事録では会社名が隠蔽された。

コンセッション方式の導入では、示される運営権対価や総事業費の削減割合（バリュー・フォー・マネー：ＶＦＭ）の数値に目を奪われやすいが、補助金が投入される改築工事の利権の監視が重要だ。

⑤ヴェオリアグループの提案書類

ヴェオリアグループの提案書類について、「創意工夫やノウハウが含まれており、公開することで法人の権利を害する恐れがある」などの理由で、すべて非公開とした（写真参

照)。国土交通省は二〇一七年四月、浜松市に対し、社会資本整備総合交付金等の財政措置に関する事業内容を確認するため、提案書類の開示を求めた。ただし、その際に、「開示文書を秘密として保持する、市の承諾なしに他の目的に利用しない、第三者への開示もしない、開示目的を達した際には速やかに破棄する」という誓約文を付けている(国土交通省「提案書類開示の依頼」)。

浜松市はコンセッション方式の導入で「市民への情報開示など透明性の確保」「『見える化』に務めたい」(寺田管理者)などと言う。だが、文書の開示はきわめて不透明である。

結論ありきの導入可能性報告書

二〇一七年四月から、コンセッション方式導入の可能性調査が始まった。八月の運営体制部会の冒頭、上下水道部の主幹は次のように発言した。

「上下水道部内の協議において、本事業は平成三四[二〇二二]年度に開始すること、また、事業期間は大原浄水場の改築更新を含む二五年間とすることで合意形成を図ることができた」(「浜松市水道事業へのコンセッション導入可能性調査業務　本編に関連する参考資料集」所収の議事録)。

本事業とは水道コンセッション方式のことで、大原浄水場は浜松市北区にある市の主要な浄水場である。また、八月の上下水道部から市長への文書「浜松市水道事業へのコンセッション導入の必要性」では、「コンセッション方式は、現在の官民連携手法の中で、最も民間の自由度が大きく、民間ノウハウや創意工夫が発揮できる方法」と結論づけている。

これらの文書から、上下水道部はコンセッション方式を最良とみなし、二〇一七年八月までに導入を内部合意していたことが分かる。

この合意により、一〇月の上下水道部の打ち合わせでは、二〇二二年からの二五年間で、大原浄水場第一期、第二期、常光（浜松市東区）と大原の構築物の工事を行うという原案が決められた（「水道コンセッション一〇・二七改築WGプレ打合せ（結果）議事録」。この改築工事費の九割は国などからの補助金であり、運営権会社の負担分で減価償却できないものは「更新投資等負担金」の名目で市が買い取ることになる。

一〇月の幹事会会議では、上下水道部の課長がこう発言した。

「報告書において、水道事業の現状が厳しいこと、様々な手法がある中でコンセッションが最善の選択であること、事業期間及び範囲拡大を加味した上でもコンセッション方式が望ましいことを示して欲しい。また、コンセッション方式ありきにはならないよう十分検討した上で作成してほしい」（参考資料集所収議事録）。

「コンセッション方式ありきにはならないよう」とは、コンセッション方式ありきで進めるが、それが分からないように記せということである。

この発言は上下水道部幹部の参与と課長ら七人、事務局・作業部会担当者六人とともに、E

Y新日本の担当者七人も同席した場所でなされている。発言内容が明らかになると、上下水道部は「発言は担当職員へのもの」とし、報告書の作成途中でEY新日本に示していた意向をごまかそうとした。

ここに挙げた八月と一〇月の議事録の記述は、二〇一八年一二月七日の閲覧によって明らかになったものである。だが、一〇日後に再閲覧した際には隠蔽されていた。

また、導入可能性調査では、協力会社制度が導入され、契約は長期間に及ぶことが話された。ところが、開示資料（参考資料集）の「調達の効率化」の項では、協力会社制度の文字が隠蔽された。協力会社への一括発注により、地元企業への受注は激減するが、その存在が隠されたのである。また、導入可能性調査の施設部会では、導入による一括発注で、工事価格が管路で七・五％、施設では八・五％減少すると説明されたが、その数値も隠蔽された。総事業費の削減割合が三～四％とする根拠のひとつである工事費削減の数値が隠されたのである。さらに、財務部会での財務シミュレーション、施設部会での工事一括発注、機器材一括調達などの議論も隠蔽された。

EY新日本は翌二〇一八年二月、導入可能性報告書を浜松市に提出した。そこには管路などの施設工事を含めたコンセッション（「管路ありコンセッション」）の導入が有効と結論されていたが、ここでみてきたように結論ありきの報告書だったのである。さらに、浜松市と企業とのリスク分担など、報告書で表面化した問題に加えて、改築工事での利権、投資への配当などの

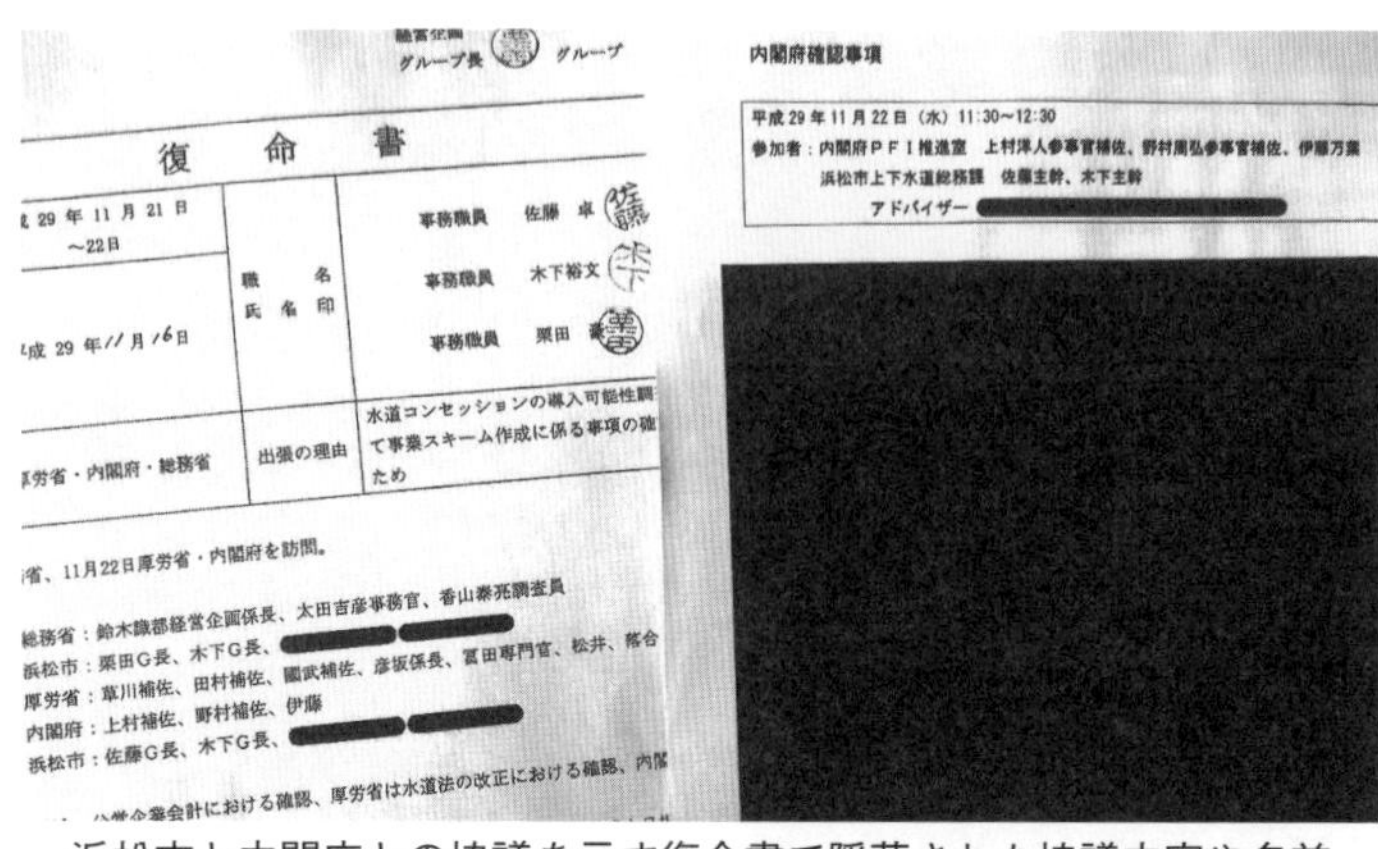

浜松市と内閣府との協議を示す復命書で隠蔽された協議内容や名前

隠されている問題も見失ってはならない。

市議会の決定前に導入を前提に国と協議

導入可能性調査が進んでいた二〇一七年一一月二一日と二二日、浜松市は総務省、厚生労働省、内閣府民間資金等活用事業推進室などを訪問してコンセッション方式導入について協議した（ＥＹ新日本もアドバイザーとして同席）。その復命書を情報公開請求したところ、協議内容のすべてが隠蔽されていた（写真参照）。ただし、導入可能性調査業務報告書の参考資料集にはその議事録が録されていたので、内容が判明する（後に隠蔽）。議事録によれば、市の各省府への質問内容は次のとおりである。

①総務省――企業債の起債の可能性、運営権対価の会計処理、運営権者事業の統計調査への反映、特別目的会社への出資と職員派遣など。

②厚生労働省――運営権の許可申請と審査期間、料

金算定での物価変動を反映した計算式、運営権の設定範囲、運営権対価の水道料金原価への算入など。

③内閣府民間資金等活用事業推進室――運営権の放棄、ＰＦＩ法改正後の支援対象事業・対象期間、運営権者への地方公共団体の出資、運営権者の議事録公開のガイドラインなど。

政府と浜松市は水道法の改正を前提とし、市議会がコンセッション方式導入を決定する前から導入に向けた議論を行っていたのである。行政主導による、市民の意向を無視した非民主的協議である。

この協議には内閣府民間資金等活用事業推進室から三人が対応した。そのひとりがヴェオリア社出身の伊藤氏（一三八ページ参照）である。二〇一八年四月以降、浜松市が推進室を訪問した際の復命書には、参事らとともに伊藤氏の名がある。ヴェオリア社出身者が浜松市の意向を聞くなど、政策に関わる業務の場にいたのである。

さらに、推進室と市との一八年九月・一〇月の協議内容も隠蔽されている。この協議では、一〇月にパリで開催された投資家協会による国際インフラ投資フォーラムへの出席についても、話されている（旅行計画は内閣府からＥＹ新日本に委託）。鈴木市長は、福田内閣官房長官補佐官や市上下水道部の寺田管理者とともに出席し、浜松市におけるコンセッション方式導入について講演した。そこでは、二五年間で改築更新投資額が約一四五〇億円になるという数字を挙げた。投資額を示しての講演は、市の水道インフラに対して国際投資を誘う意味がある。しかし、その国際投資への配当金は市民の水道料金から出されるのだ。

止めよう！水道民営化

最後に、水道民営化の問題点、自治体の宣伝の偽り、情報開示の対象文書、利権問題についてまとめておこう。

第一に、水道民営化の問題点は①ヒト、②モノ、③カネ、④情報の四点に集約できる。

①浜松市の水道職員は、導入可能性報告書の記載によれば、一五〇人台から三〇人台と大幅に減少する。幹部職員だけになり、市は当事者能力と技術能力を失う。災害時には職員が総務班となり、運営会社が復旧・浄水・給水業務を担うが、緊急対応は困難になるだろう。

②安全よりも利潤が追求され、水質悪化、施設更新遅延の恐れがある。

③協力会社への一括発注が増え、地元企業の受注が減る。利潤追求のために水道料金が値上げされる恐れもある。海外から資金が調達され、利益の流出が起きる。

④現状でも開示情報に隠蔽が多いが、不開示項目がさらに増えるだろう。運営会社も情報公開取扱規定を作成するものの、企業秘密の壁は厚くなる。資金調達、配当など利益の流れが見えなくなる。

第二に、自治体の宣伝の偽りである。浜松市は二〇一八年夏から、コンセッション方式が民営化の一形態であるにもかかわらず、「運営委託方式」と言い換え、「完全民営化ではない」と宣伝し始めた。一八年一〇月の意見交換会の際に管理者は、これは運営権の「売却」ではなく「譲渡」であり、「委託のひとつ」と主張した。

だが、二〇一八年三月の上下水道部による国土交通省中部地方整備局への下水道改築工事の交付金申請書では、「運営権を一定期間（二〇年間）売却」と記している。市職員の認識も「売却」である。運営権という言葉にも問題がある。「運営権の譲渡」と宣伝されるが、「経営権の長期売却」とすべきである。こうした偽りを批判しなければならない。

第三に、情報開示の対象文書である。コンセッション方式の導入を進めようとする自治体では、まず導入可能性調査が行われる。報告書や概要はウェブサイトなどで公表されるが、そこに公表されない参考資料集や議事録が重要である。読みこむと狙いが見えてくる。コンサル会社からは報告書関連の電子データが自治体に提出されるので、情報公開請求すれば入手できる。また、国と自治体との協議を示す復命書、自治体の意思決定を示す決裁文書、水道部の議事録、水道部から首長への調整用資料なども、情報公開請求できる。

情報公開で集めた資料は分析し、発表しよう。反対要請や講座などを繰り返すと、マスメディアの記者とも知り合える。浜松市では、導入可能性報告書の作成過程で市側が「コンセッションが最善の選択」と発言していたことが議事録から分かり、結論ありきの報告書づくりが証明されたし、それを一面に掲載した地元紙もあった。

第四に、利権の問題である。水の安全性や事業の透明性だけでなく、グローバル水企業が水道事業に利権を見出して参入し、経営権を支配することに問題がある。職員減少・水道管更新・水需要減少・経費節減などは、導入の口実にすぎない。新自由主義の安倍政権、グローバル水企業の意を受けた外資系コンサルタント、金融資本が人脈をつくり、コンセッション方式の名のもとにインフラ経営の私物化を進めている。その利権の構造を明らかにしなければならない。

二〇一八年に入って浜松市では市民による集会、要請、署名、スタンディング、資料調査などが行われ、水道民営化に反対する声が高まった(詳しくは本章2参照)。二〇一八年一〇月の市議会では、最大会派の自民党が「民間事業者出資や役員派遣などで内部から統制できないなら(民営化に)賛意は示せない」という見解を示した。

二〇一九年一月に行った「命の水を守る全国のつどい・浜松」には六〇〇人が集まり、「命の水を守ろう!」「止めよう!水道民営化」の声をあげた(中扉写真参照)。反対の声の高まりのなか一月三一日、鈴木市長はコンセッション方式導入決定を「当面延期する」と発表した。市民のさまざまな運動が推進の動きを止めたのである。情報開示請求でつかんだ事実を核に、政派を超え、水道民営化を止める広いつながりをつくりたい。そして、延期から断念へと追い込みたい。

2 水道民営化に反対する市民たち●浜松市

池谷たか子

浜松水道ネットの活動

私たち「浜松市の水道民営化を考える市民ネットワーク」（以下「浜松水道ネット」）の活動は、二〇一八年一月から毎週水曜日に行った市役所前のスタンディング・アピールがきっかけになっている。「水」にちなんで水曜日に、少人数でも行えるスタンディングで市民に民営化の問題点を知らせ、一緒に活動する仲間を見つける目的で始めた活動だ。

そのメンバーを中心に周囲に呼び掛けて三月に準備会を行い、六月に約九五人で発足総会を開いた。その後、名古屋水道労働組合の近藤夏樹委員長（5章3参照）を講師にした「七夕連続講座」（七月、三か所）をはじめとして、コンセッション方式の内容、水道法改正のポイントなどを伝える学習会を行っていく。

一二月には『最後の一滴まで』（三ページ参照）の上映会と水道民営化の学習会をセットで六回

行い、講師は浜松水道ネットのメンバーで分担した。この学習会が、翌年一月に開催した「命の水を守る全国のつどい・浜松」の成功につながる。一二月は、学習会、週一回の浜松水道ネットの会議、一月のつどいの実行委員会と、目が回るような忙しさであった。

その結果、全国の方たちの応援も受けて、二〇一九年一月のつどいは会場に入りきれないほどの人であふれ、参加費を返して帰っていただいた方やロビーでモニターテレビを見ていた方も三〇人程度いたほどだ。開始前のデモにも二〇〇人以上が参加し、テレビや新聞に取り上げられた。なかでも、『ビートたけしのTVタックル』でこのデモが繰り返し紹介され、多くの人が観たようだ。

浜松水道ネットは会員登録を行っておらず、会費もない。すべて市民のカンパで運営している。お知らせはSNSを利用し、希望者にはハガキで連絡する。一〇人強の事務局員のほとんどはリタイア組で、平均年齢は六〇代だが、チラシ配りを積極的に引き受ける。ポスティングした枚数の報告を受けるたびに、元気をもらう。

水道業者で構成する「浜松上下水道協同組合」との懇談や、水道業者への訪問にも取り組んだ。彼らは「これまで浜松市の水道を守ってきたわれわれを切り捨てるなんて」と非常に怒っていた。懇談のなかで、夜間や休日でも道路の漏水などのトラブルに対応できるように当番会社が決まっていることや、災害時には他県(たとえば二〇一六年の熊本地震では熊本県)に支援に行くことを知った。その折は、浜松市上下水道部や名古屋市水道局の職員が指揮したという。

活動の中心は、毎週水曜日のスタンディング、毎週日曜日の浜松駅前での署名と宣伝活動だ。さらに、学習会、水道業者や市会議員との懇談、浜松市への公開質問状の提出も行ってきた。市議会会派には、きちんとした対応を受けて意見交換できた会派もあれば、事務的な対応だけの会派もある。公開質問状は六回提出し、二週間後には回答を受け取ってきた。浜松市が民営化を断念するまで活動を続けていくつもりである。

署名については、私が生まれ育った西区入野(いりの)町で一万筆をめざそうと決め、兄にも協力を頼んだ。忙しくて自分で集めるのは大変だと思った兄は、知り合いの喫茶店のママに「署名用紙の受け渡しだけでいいから」と依頼したという。初めは仕方なく引き受けたらしいが、チラシを見て「水を金儲けの対象にするの？これは大変！」と思ったお客さんたちの署名がどんどん集まり、ママもビックリ。学習会に参加した南区の喫茶店経営者も協力し、お客さんが署名を集めてくださる。その紹介で、はままつタウンTV（インターネットテレビ）に二回出演した。

署名用紙やチラシを置く署名協力店は喫茶店、クリーニング店、美容院など現在では一〇六店にまで増えた。二〇一八年一二月と一九年三月の二回あわせて三万二六三六筆を浜松市に提出している。

民営化をめぐる疑惑と市長の延期表明

二〇一八年一一月には新聞や週刊誌が、水メジャーと内閣府民間資金等活用事業推進室の関係、菅義偉官房長官と福田隆之官房長官補佐官の関係、浜松市とEY新日本の関係（本章1参照）などを暴露し、民営化推進への疑惑が表面化していく（『東京新聞』一一月二〇日、『週刊ポスト』一二月一六日号）。そして、私たちが一二月に提出した署名の影響もあり、市役所には毎日のように市民から電話がかかってきたという。さらに、情報公開で明らかになった市に都合の悪い情報が地元紙に報道される（『中日新聞』一九年一月九日）。

浜松市は、一〇月の私たちとの懇談で上下水道部トップの寺田賢次管理者（一三五ページ参照）が承諾した市民との公開討論会を一一月に断り、翌年一月には公開質問状を出して回答を得た後に行っていた懇談も今後は行わないと通告してきた。事務局員四～五人と寺田管理者との懇談では、議論が平行線になることが多いが、お互いの考えはよく分かる。コンセッション方式の有効性を理論的に示す自信がないから、公開討論会を断ったにちがいない。

二〇一九年四月に市長選挙を控えた鈴木康友市長は一八年一一月末に、一八年度中に決めるとしていたコンセッション方式導入の結論を延ばすと発表。一九年一月三一日に、延期を正式に発表した。三一日の記者会見前に会見内容の予想を地元紙が報道し（「水道運営売却　無期延期へ」『静岡新聞』一月二六日）、全部で三回も同様な記事が出た。見出しだけを見て、民営化を止めたと勘違いする人も少なくなかっただろう。市長の会見内容を記者から聞いた私たちは、すぐに次のような見解を市役所の記者クラブに投げ込んだ。

「市民の大半が水道コンセッション方式の導入に反対しているにもかかわらず、断念や白紙撤回でなかったことは大変残念だ。市は『市民の間に誤解がある、理解が得られていない』と言うのなら、市民としっかり議論する場を持つべきだし、選挙で公約をかかげて市民に是非を問うべき。私たちは、浜松市がコンセッション方式断念を決めるまで、いままでどおり署名や学習会などの活動を続ける。市民の世論で導入を止めていきたい」

『静岡新聞』『朝日新聞』『しんぶん赤旗』が「浜松市が断念するまで活動は続ける」という私たちの見解も入った報道をしたが、何といっても浜松市の発言力のほうが大きい。大変ではあるが、「活動は続いている」と多くの市民に伝えていきたい。

二〇一九年四月の統一地方選挙では、鈴木市長は水道民営化が争点にならないようにしていた。私たちは争点化をめざして市議会議員選挙と市長選挙の立候補者にアンケートし、三月初めの記者会見で市民に公開した。回答者の中では「反対、どちらかというと反対」が九一%で、「賛成」はゼロ。自由記述欄も設けて、はまぞうブログ（浜松市を中心とした静岡県西部地域の情報ポータルサイト）には返信があった全候補者の意見を載せたが、どの立候補者もきちんと意見を書いていた。

市長選挙は、鈴木市長と、水道民営化反対を掲げた自民党候補、無所属（共産党推薦）候補との闘いになる。再選した鈴木市長は、水道民営化についてまったく語らなかった。

問題が山積しているコンセッション方式

浜松市は、コンセッション方式導入の理由をこう述べている。

「水道管の老朽化で更新のテンポを速めなくてはならないし、将来の人口減少も考えると、水道料金は値上げしなくてはならない。二〇一五年度までは年間四一億円だった水道施設・設備の耐震化と改築更新の費用は、一六年度からは五八億円が必要となる。二二年度からの二五年間で四六％の値上げが必要だが、コンセッション方式を導入すれば三九％に抑えられる」

必要な値上げは仕方ないと思う。だが、民営化すれば、公営では不要な法人税、役員報酬、株主配当などを市民が負担する水道料金から支払わなければならない。それでも七％節約できるとすると、従業員の給与、下請企業の工賃、安全が担保されない工事仕様など、現場で働く人たちの生活や命を削る結果になるだろう。仮に企業努力で七％節約できたとしても、水道料金の値上げが抑制されるとは考えられない。民営化を進めたい側の都合いい言い分でしかないことは、民営化によって料金が上がったパリ市など海外の例が証明している。

二〇一八年一二月に署名簿を提出したとき、私たちは併せて見解も発表した。

①二五年間の長期契約だから競争原理は働かず、民間事業者は独占的に事業を行い得る。
②民間事業者は利益を役員報酬や株主配当にまわして、水道事業に還元しない。
③利益が少なくなれば、民間事業者は料金値上げを求める。

④料金値上げを浜松市が拒否すれば、民間事業者は契約解除を言いだす。残りの契約期間に対する損害賠償を求められるリスクは浜松市が負う。
⑤地元の水道業者の仕事が奪われる。
⑥自然災害時に民間事業者がどこまで対応できるか不安がある。
⑦民営化後に年月が経過するにつれて、浜松市行政に水道事業が分かる職員が減り、水道事業に関する行政力が低下する。それゆえ、料金値上げの妥当性の判断ができなくなり、民間事業者の言いなりに陥る恐れがある。
⑧外国の水メジャーと言われる多国籍企業の参入が予想され、市民の共有財産である水資源が外国資本に乗っ取られる恐れがある。

企業よりの契約内容と地元経済・市民生活への影響

二〇一八年四月からコンセッション方式が導入された下水道事業（西遠処理区）に関する浜松市と浜松ウオーターシンフォニーの契約書は八〇ページもある。その条文には問題が多い「運営権者が本事業の実施に要する資金を調達するために金融機関等から借入を行う場合であって、当該借入のために運営権に対して担保権を設定する場合、市は合理的な理由なくこれに対する承諾を拒否しない」（第六四条の三、運営権等の処分）

浜松市は運営権の移転には市議会の議決が必要であると述べていたが、この条文とは明らかに食い違っている。

「市及び運営権者は、相手方当事者の事前の承諾がない限り、本契約に関する情報（本事業を実施するうえで知り得た秘密を含むが、これに限られない。）を他の者に開示してはならない」（第九六条、秘密保持義務）

浜松市と運営権者（浜松ウオーターシンフォニー）は、事前の承諾がないかぎり情報を開示してはならないというのだ。民営化されたパリ市や英国でも情報が開示されず、とくに財務面の監視ができなかったという。コンセッション方式では、企業秘密の壁によって情報が隠されるのは確実だ。

このほか、第四六条の「使用料等及び利用料金設定割合の改定」、第四九条の「流入水量又は流入水質の変動」など「市と運営権者の間で協議を行う」という記述が多く、利害が対立する浜松市と浜松ウオーターシンフォニーがスムーズに協議できるのか懸念される。浜松ウオーターシンフォニーの言いなりになるか、最悪の場合は訴訟を起こされるのではないだろうか。なお、上水道にコンセッション方式が導入されれば、ほとんど同じ内容の契約書になると予想される。

こうした契約内容の問題点を広く市民に知らせるとともに、契約内容の変更を浜松市に求めていくことを考えていきたい。

また、ヴェオリア社の子会社である西原環境（本社：東京都港区）に二〇一八年七月、西遠浄化センターの水処理機械設備改築工事が発注された。金額は三億円である。これまで仕事を請け負ってきた地元の水道業者は、おそらく発注が減り、困っているだろう。地元企業から仕事を奪って浜松市の経済を衰退させ、料金の値上げをして市民の生活を苦しくするのが、水道コンセッション方式の導入すなわち民営化ではないか。しかも、近年は各地で大規模な自然災害が多い。災害時に最も頼りになる地元の水道業者が減れば、市民は大きな影響を受ける。

さらに、自治体の水道局職員が減れば、災害時の指揮がとれなくなり、混乱が予想される。これまで浜松市の水道を守ってきた地元の水道業者や水道労働者をまったく考慮していない民営化計画。知れば知るほど、怒りでいっぱいになる。

上下水道部の職員は、先輩たちが築き、自分たちが守ってきた公営水道について、いまどう思っているのだろう。労働組合の幹部はコンセッション方式を推進する部署に異動され、声をあげられないとも言われている。しかし、きっと公営水道を守りたいにちがいない。彼らの分まで私たちは声をあげていきたい。

3 県民不在の「みやぎ方式」●宮城県

工藤昭彦

上水道、工業用水道、下水道を一体で民営化する「みやぎ方式」

宮城県は水道法が改正される前の二〇一六年から、水道事業の広域連携やコンセッション方式の導入など「みやぎ型管理運営方式」（以下「みやぎ方式」）の大枠を決め、駆け足で検討を進めてきた。県が示したスケジュール案によれば、多くの自治体が様子見を続けるなか、二一年度中の事業開始をめざすという。

実施方針を定める条例の議会提案もまだなので、詳細については不明な点も多い。だが、公表された資料を見ると、見逃せない多くの問題がある。みやぎ方式とは、誰のため、何のための連携なのか。以下では、その特徴と内在する問題を洗い出してみたい。

宮城県の水道事業は、大きく三つに分かれている[1]。

①水道用水供給事業

水源から浄水場を経て、県内三五市町村のうち二五市町村の受水タンクへ水を供給する。いわば、県から市町村への「水の卸売り」である。

②工業用水道事業

図4－3－1　「みやぎ型管理運営方式」の対象

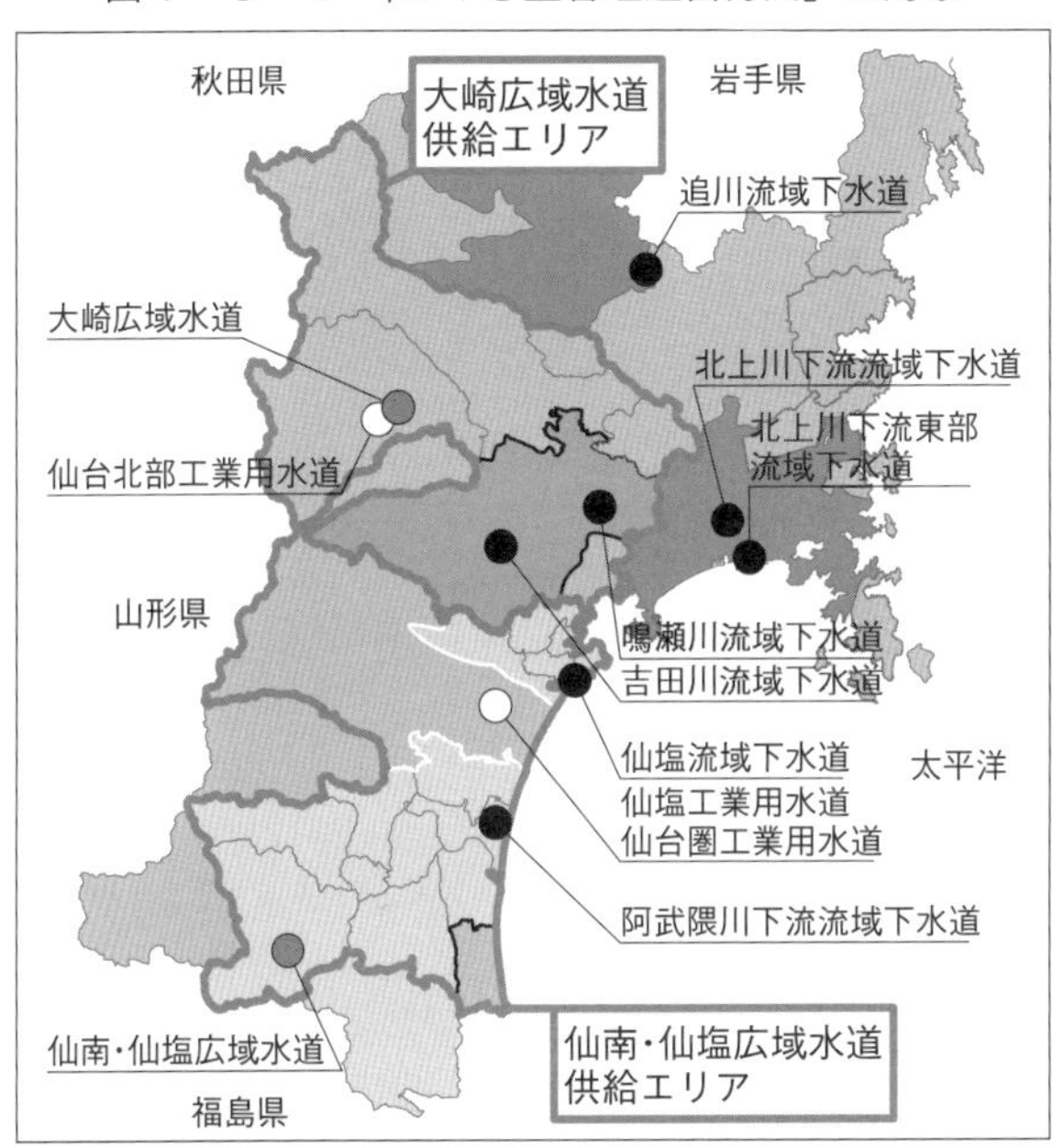

（注）●流域下水道処理場、●広域水道浄水場、○工業用水道浄水場。
（出典）http://www.pref.miyagi.jp/uploaded/attachment/720372.pdf

水源から浄水場を経て、県内の企業六七社へ水を供給する。

③流域下水道事業

家庭からの下水は市町村の公共下水道事業によって運ばれる。そのうち二六市町村の処理を行う下水処理場を県が運営する。

みやぎ方式の対象となる事業は、①のうち大崎、仙南・仙塩地区の二事業、②のうち仙台北部、仙塩、仙台圏地区の三事業、③のうち仙塩流域、阿武隈（あぶくま）川下流域、鳴瀬川下流域、吉田川流域の四事業、合計九事業と広範囲に及ぶ（図4－3－1）。

ただし、①の二五市町村の受水タンクから各家庭までの用水供給や、その他の一〇市町村が実施する水道事業の広域連携は手つかずの状態だ。また、③のうち北上川下流域、同下流東部流域、迫川（はさま）流域の三事業も、「一体運営の効果が期待できない」として広域連携の対象からはずされている。

宮城県が二〇一九年一月に出した資料[2]によると、「県の水道事業は、事業開始から約四〇年が経過しているため、今後、更新需要が増加して」いく。管路や設備を更新するためには、上水道、工業用水道、下水道（上工下水道）の三事業で「今後二〇年間で約一九六〇億円が必要」で、現状のままでは水道料金の値上がりは避けられない。そこで、上工下水道一体で民間企業の裁量を拡大すればコストの大幅削減が可能である、というのが県の主張だ。

市町村の水道事業を置き去りにした県による県のための取り組み

宮城県は国に水道法改正を要望した唯一の県と言われている。コンセッション方式の導入を検討した時期も早い。

検討の経緯を記載した前述の資料によれば、二〇一四年度に「企業局内部において厳しい経営環境に対する危機感」を共有し、二年後の一六年度には早くも「「みやぎ型管理運営方式」の大枠」を決めている。翌一七年二月から「宮城県上工下水道一体官民連携運営検討会」が始まり、一八年三月には「事業概要書」が公表された。
二〇一八年一二月の水道法改正以降のスケジュールも、何とも慌ただしい。一九年二月「アドバイザリー業務委託契約」、同年九月もしくは一一月議会に「実施方針条例提案・議決」、二〇年一～三月「募集要項公表、募集開始」、二一年六月もしくは九月議会に「運営権設定提案・議決」、そして同年度中に「事業開始」だという。
この背中を押したのは、以下のように多岐にわたる知事からの指示である。[3]
「①とにかく民間事業者のやりやすいようにすること
・経営のノウハウや投資意欲を持つ民間事業者の参画が必要である
・民間事業者の自由度を最大限確保する
・行政だけによる現行制度の枠内での議論を避け、新たな発想での検討を促す
②危機管理に対応できるよう県は関わりを保つようにすること
・水道は代替性のないインフラであり、高い公共性が求められる
・東日本大震災の教訓から、自然災害等の復旧・復興の達成には公共の力が不可欠である
・これまでの市町村やユーザーとの信頼関係を維持する
③事業スキームの構築はスピード感を持って一気に行うこと
・民間事業者を交え、具体的な事業スキームまで一気に構築する
・民間事業者のスピード感に合わせ、積極的な事業参画を促す

・国の検討のタイミングに合わせ、法律・制度改正や補助金等の国の関与を引き出す」

なお、この資料には二〇一六年六月に非公開の「宮城県上水・工水・下水一体型管理運営検討懇話会」を設置し、有識者(アンダーソン・毛利・友常法律事務所、KPMGあずさ監査法人、ジャパンウォーター、日本総合研究所、日本経済研究所)、民間事業者(三菱商事、三井物産東北支社、住友商事、丸紅、日本政策投資銀行、三井住友銀行)、自治体(宮城県公営企業管理者)を構成員として検討を行ったこと、投資部会、オペレーター部会、内部検討部会を適宜開催したこと、などが記載されている。

こうして「みやぎ方式の大枠」を決めてから「事業開始」まで五年、あたかも既定路線であるかの如く早期実施に向けた作業が果敢に推進されていく。

その背景として、公表された資料には「人口減少」「節水型社会」「管路の老朽化」「設備更新需要の増大」など、全国どこでも指摘される水道事業を取り巻く課題や厳しい経営見通しが記載されている。たしかに、こうした問題は宮城県でも深刻だ。だからといって、市町村事業を差し置いて県事業の広域連携を進めるのはなぜなのか。公表された資料のどこをめくっても、その説明は見当たらない。

市町村事業との連携は、「県と運営権契約を締結した運営権者が、県下の市町村等が行う水道事業、下水道事業に関わる業務等を受託することを可能にする」[4]として、運営権者の裁量に委ねている。都道府県に水道事業者等の広域的連携を推進する責務を課した改正水道法の趣旨からしても、本末転倒との誹りを免れない。

多少うがった見方をすれば、民営化路線に傾く政府方針に自発的に同調することで、県の財政負担を軽減しようとしたのではないか。ちなみに「PPP／PFI導入に向けた政府方針」(二〇一七年六月)には、コンセッション事業等の特定的支援措置として、債務を運営権対価で繰上する際に補償金を免除・軽減する、先行案件には交付金や補助金を支給するなど、さまざまな誘引策がまとめられている。早い者勝ち的にこれを取り込めば、上工水道関連でいま県がかかえる四〇〇億円以上もの企業債を繰上償還して身軽になれる。[5]

仮にそうだとすれば、「みやぎ方式」は肝心の市町村水道事業の広域連携を置き去りにした「県による県のための取り組み」にすぎないことになろう。以下、「みやぎ方式」の具体策を紹介しながら問題を掘り下げてみたい。

みやぎ方式の問題点

①棚上げにされた「広域的水道整備計画」

みやぎ方式は、県が実施する上工下水道事業の運営権を二〇年契約で民間業者に売却し、民間投資による県の企業債発行やコスト削減で、水道料金の上昇を抑制するという構想だ。上工下水一体による広域連携、コンセッション方式による官民連携の推進は、そのかぎりで改正水道法の趣旨にも合致する。

しかし、都道府県の主たる役割は市町村が経営する小規模事業者の広域連携であり、官民連携の推進ではなかったのか。にもかかわらず宮城県では、いずれの連携も県事業の枠内にとどまっている。しかも、官民連携の選択肢の一つにすぎないコンセッション方式の導入が初めから前提とされていた。比較対比する意味で、公営方式による広域連携や官民連携構想もあっていいはずなのに、それらを真摯に検討したとの情報もなければ、その経緯を記録した資料も見当たらない(6)。

一連のこうした対応は、当初からコンセッション方式による民間企業への運営権売却を想定していたからではないか。だからこそ、水道料金に格差があって調整が難しい市町村事業や非効率な県の事業が、連携対象から除外されたのではないか。本来は、こうした事業こそ広域連携や官民連携による基盤強化が必要なはずだ。みやぎ方式の連携構想は、明らかに優先順位を誤っていると言わざるを得ない。

翻ってみるに、宮城県の水道事業の広域連携構想はいまに始まったことではない。一九七七年に策定された「宮城県広域的水道整備計画」は、市町村の水道事業を県内六ブロック単位の広域水道に整備したのち、それらを南部と北部の広域圏に統合し、二〇〇〇年以降に県企業局も参加する企業団方式で全県一本化する構想であった。ところが、長期にわたる段階的な広域連携構想はいっこうに実現をみないまま棚上げされ、現在に至っている(7)。

改正水道法の趣旨からしても、こうした構想こそいま見直されてしかるべきではないか。小規模な水道事業者ほど赤字で水道料金も高くなる、という格差構造の是正が求められているからだ。ちなみに、宮城県内各市町村の一〇トンあたり水道料金は、最低の一二三〇円（女川町）に対して最高は二九四〇円（涌谷町）と、二・四倍もの差がある。(8)

②コスト削減で水道料金の上昇は抑制できるのか

みやぎ方式で上工下水道事業の運営権を一括して売却された運営権者は、二〇年契約で設備の点検、流量・水圧の監視、水質のチェックなどオペレーション業務を担うことになる。加えて、宮城県が行ってきた薬品・資材などの調達、制御弁室内の流量計などの設備や建物付帯設備の修繕・更新工事も、運営権者に移行する。これによって、あらかじめ県が指定した仕様に基づく仕様発注から、水質基準など一定の性能の確保を条件として維持管理を民間事業者の裁量に委ねる性能発注に代わる。

だが、運営権売却後も民間が更新した設備を含むすべての水道資産を保有するのは宮城県であり、管路および管路付帯設備の維持管理を担うのも県だ。そのほか、事業全体の総合マネジメントも県が行う。こうしたみやぎ方式による県民のメリットは、民間の力を最大限活用した大幅なコスト削減により、受水市町村の水道料金上昇を抑制できることだという。

関係企業三五社の聞き取り調査から算出したとされる上工下水道コストの期待削減額は、現在価値換算で二一〇億～四二〇億円とかなりの幅がある。ここから租税公課・利益など一九億

〜五二億円を差し引いた実コスト削減額は一六六〜三八六億円。受水市町村の水道料金の上昇額は、現行体制を維持するよりも一割程度抑制されると見込んでいる。

ただし、コンサルタントによるこうした試算値は、上工下水道のコスト削減率(一〇%、二〇%、三〇%)に割引率(三%、四%、五%)を任意に組み合わせてはじいた三六パターンある試算事例の最高額と最低額である。どこに調査結果が反映されているか真偽のほどは定かではない。[9]一般に企業債を上回るとされる運営権者の資金調達コスト(自己資本利回りと借入金利回りの加重平均)、企業利潤の算定値や算定根拠、その変動条件・変動幅などは、公表された資料に見当たらない。

これらが不透明であれば、コスト削減の適切性や実効性の判断も難しくなる。仮に市町村に送られるまでの料金が抑制されたとしても、各家庭の蛇口に送られるまでの料金が抑制されるとは限らない。広域連携を先送りされた市町村の水道もまた、収益減少や更新需要の増大によって、料金上昇圧力が高まっているからだ。

③県の負担が大きい民間利益優先のコンセッション方式

宮城県の上工下水道は、今後二〇年間で約一九六〇億円の更新投資が必要だと推計されている(一六二ページ参照)。このうち上水道事業が一四一〇億円と七二%を占める。内訳は、管路が一〇八〇億円、設備が八八〇億円。[10]みやぎ方式では、管路の更新は県、設備の更新は運営権者が負担する。加えて契約更新時に民間投資の残価があれば、県がこれを買い取るという契約だ。

この契約内容であれば、民間側に投資リスクは生じない。仮に生じるにしても、投資時期を契約更新時まで引き延ばせば、残価を買い取る県に付け回すことができる。異常災害で被災した施設の復旧、新たな設備投資、著しい需要変動リスク、物価変動リスクへの対応なども県の役割だ[11]。これらは一様に、「とにかく民間事業者のやりやすいようにすること」という知事の指示が反映された結果にちがいない。

それに引き換え、宮城県の負担は甚大だ。いま内部留保されている減価償却費の累積額は、六〇億円程度にすぎない[12]。過去の外部監査でも「平成二四年度における過年度減価償却費計上不足は、一〇一〇億七三〇〇万円」にもなると指摘されている[13]。県が負担する推計一〇八〇億円の管路の更新投資をまかなう資金は、どこから支出されるのだろうか。

このほか、管路の維持管理費も宮城県が負担する。運営権の売却額、県と運営権者の水道料金収入の按分率が決まるのは、これからだ。「民間事業者のやりやすいように」との配慮が働けば、おのずと県の取り分は減らされよう。管路の更新投資や維持管理費をどの程度まかなえるのか、予断を許さない。資金不足をきたすようであれば、補助金や一般会計からの繰入金、水道料金の引き上げなど、まわりまわって国民や県民がつけを払わされることになる。

こうして見ると、みやぎ方式は宮城県の負担で民間の利益確保に配慮した「いいとこ取りのコンセッション」と言えなくもない。いったい、誰のため、何のためのコンセッション方式なのだろうか。

水質基準の確保、県や市民のチェック

安全・安心な水道水の供給を担保するために、市町村の受水地点で水質基準を達成できない場合、影響の度合いに応じてペナルティーを課すことが検討されている。それは当然だとしても、関係者によれば、問題は日常的に供給する水道水の水質レベルをどの程度の水準に設定するかだという。水質基準ギリギリであれば、河川の氾濫などで水が濁った場合、基準を達成できない頻度が高まり、断水を余儀なくされるからだ。

こうしたリスクを回避するために、これまでは基準値を相当下回る水準で水を供給するのが慣例だった。それが民間利益優先のみやぎ方式にどこまで受け継がれるか、気掛かりである。

シンポジウムや学習会の場などで、民間事業者に長期間水道事業の運営を任せて大丈夫かという指摘も多い。それに対して宮城県の資料では、事業全体の総合マネジメントは従来どおり県が行うし、モニタリングを強化して民間事業者の運営状況をチェックするから不安はないと述べている。しかし、民の力を最大限活用するのがコンセッション方式導入の目的である。民の裁量に委ねられる性能発注、財務内容、収益配分などの適切性を県が踏み込んでチェックできるか疑問が残る。

しかも、いまの構想では、運営権者、宮城県、第三者機関で構成するモニタリングに、受益者の代表として県民が入る余地もなければ、結果を県民目線でチェックする仕組みもない[14]。県が実施する総合マネジメント、品質・施設機能・財務のモニタリングを担う専門職人材の継続確保や技術の継承も、留意しておくべき課題だろう。適切な人材に恵まれなければ、モニタリングも机上の空論に終わりかねないからだ。

今後のスケジュールでは、実施方針素案ができた状態でパブリックコメントを実施することになっている。ただし、大半の県民はいまだ情報過疎状態におかれたままである。広域連携・官民連携は、みやぎ方式に限らない。以前の宮城県広域的水道整備計画のような、公営方式を基本とする連携も考えられる。みやぎ方式限定のパブリックコメントだけでなく、多様な選択肢を盛り込んだ、地域単位の丁寧な住民説明会の開催を促しておきたい。

（1）「宮城県上工下一体官民連携運営事業『みやぎ型管理運営方式』について」二〇一九年一月三〇日、宮城県。http://www.pref.miyagi.jp/uploaded/attachment/720372.pdf
（2）前掲（1）。
（3）「上工下一体官民連携運営の検討について―みやぎ型管理運営方式の導入―」二〇一七年七月七日、宮城県企業局。
（4）前掲（1）には、市町村事業との連携について、「『官民連携』と『広域連携』を主体的に組み合わせた発展的連携」図を掲載しているが、運営権者による市町村との個別契約に基づく一本釣り的な連携であり、市町村水道事業の広域連携を示したものではない。宮城県水道事業の広域連携については、「宮城県水道ビジョン」(二〇一六年三月)の第7章「広域的な連携方策」で「比較的取組が容易な方策から段階的に実施する」と述べている。だが、「改正水道法」が公布された一八年一二月一二日から間もない一九年一月一一日に第一回検討会を開催し、検討会の設置要項を決めただけで、具体策はまだ何も決まっていない。これに先立つ一八年七月三一日の「宮城県水道事業広域連携検討会設立準備会」では、委員から以下の発言があったとされる。「広域連携の検討は、みやぎ型管理運営方式の検討と同等に検討すべき」「ライフラインとしての水道は末端市町村事業との連携により県民に提供するサービスだ」「各自治体の料金の違いを経営の連携により縮小すべき」「水道事業の広域連携の検討にあたって、従来の事業統合に限定せず、多様な連携を模索していく旨の説明がなされたが、比較的容易に実現可能とされる標準化や共同化を当面の到達点とするのではなく、長期的視点に立ち、根本的な問題解決に繋がる連携を目指すべき」。これらの意見については、それを取りまとめた文書が同年一〇月一〇日付で環境生活部食と暮らしの安全推進課長から各水道事業体の長宛に送られている。市町村水道事業の広域連携が置き去りにされることを懸念する意見であり、要望だと受けとめていいのではないか。

(5)「宮城県上工下水一体官民連携運営事業(みやぎ型管理運営方式)」(二〇一八年六月一日、宮城県企業局)には、「繰上償還する際に補償金を減免する制度について、宮城県から国に要望した」と記載されている。

(6)二〇一七年一一月一六日の宮城県議会予算委員会の委員質問に応えた一二月一日付の「「みやぎ型管理運営方式」と「公営による上工下水一体管理運営方式」の比較」というA4版一枚の企業局資料によれば、公営方式による二〇年間のコスト削減額はわずか三・八億円で、削減率は〇・三%にすぎないと見込んでいる。ただし、回答まで半月にも満たない期間で現行の積算方法を延長した、いかにも急ごしらえの試算値であり、どうみても信憑性が薄いと言わざるを得ない。

（7）当初一市九町からなる石巻ブロックについては、一市二町で「石巻地方広域水道企業団」を設立し、水道事業を一元化している。

（8）水道料金は二〇一七年四月一日現在の税込み料金で、宮城県食と暮らしの安全課の資料による。

（9）一連のコスト削減の試算値は、「みやぎ型管理運営方式導入可能性等調査業務報告書（概要版）」（二〇一八年七月、宮城県）による。

（10）更新投資額の試算値は、前掲（9）による。

（11）「宮城県上工下水一体官民連携運営事業（宮城型管理運営方式）事業概要書（案）（概要版）」（二〇一八年三月二二日、宮城県、株式会社日本総合研究所）には、リスク分担やリスク対応について、「不可抗力事象への対応」「不可抗力以外のリスク分担」「需要変動リスク」「物価変動リスク」「事業の継続が困難となる事由が発生した場合の措置」など、項目ごとに細かく記載されている。これを見ると、民の力を最大限発揮してもらう土俵づくりに県が駆り立てられているように読める。

（12）「宮城県公営企業会計決算関係説明資料」によれば、水道用水供給事業の減価償却費内部留保額は二〇一六年度六〇億円、一七年度六四億円となっている。

（13）減価償却費の計上不足額は「平成二五年度包括外部監査の結果報告書」（二〇一四年三月）による。

（14）みやぎ方式では、運営権者による業務・施設機能・財務などのセルフモニタリング、県による品質・施設機能・財務などのモニタリング、独立した第三者機関「経営審査委員会（仮称）」による審査などを行うとしているが、県民目線でチェックする仕組みは想定されていない。

第5章 「公共の水」をどう維持し、発展させるか

地下水が豊富な東京都昭島市内を流れる
水路を散策する市民(撮影：橋本淳司)

1 民営化を阻止できた理由●大阪市

武田かおり

全国に先駆け、大阪市の水道が民営化されそうになっていたことをご存じだろうか。

二〇一三年から始まった水道民営化の議論は、一七年三月に「水道民営化実施プラン案（大阪市水道事業及び工業用水道事業の設置等に関する条例の一部を改正する条例案）」が廃案になり、ストップした（大阪維新の会（以下「維新」）：賛成、自民：継続審議、公明・共産：反対。いずれも過半数を超えず、審議未了のまま廃案）。その陰にあったのは、水道に関心を持つ市民団体が協力し合って進めた活動だ。これから民営化が提案されるかもしれない地域の参考となるように、その経験を報告したい。

一　大阪市の水道事業「カイカク」の変遷

橋下知事・平松市長時代

事の発端は、橋下徹氏が大阪府知事に就任した直後の二〇〇八年二月である。大阪府の水道施設の能力は二三三万㎥で、最大給水量は一五七万㎥。大阪市の水道施設の能力は二四三万㎥で、最大給水量は一二二万㎥(いずれも一日あたり)。稼働率は五〇～六七％にとどまり、府・市ともに水余りであった。そこで府と市の「二重行政」をなくす改革の本丸・象徴として「府市の水道事業統合」が提案されたのだ。

橋下知事からの平松邦夫大阪市長への申し入れで二月に始まった「府市水道事業の統合」協議は二〇〇九年九月、大阪市が提案した「コンセッション型指定管理者制度」の導入に府と市が合意する。これは、「大阪府に資産や用水供給料金の決定権を残したまま、府の用水事業そのものを大阪市が受託する」というものである。

しかし、大阪府内四二市町村から「府議会の関与の形骸化」「市町村の意見反映の担保が難しい」などの懸念があがった。結局、四二市町村の首長会議は、コンセッション方式ではなく企業団方式を選択する。この経緯について平松市長に正式な連絡がないまま、マスコミの憶測記事が先行した。そして、本来は橋下知事が市町村をまとめるべきにもかかわらず、「大阪市が他の市町村から信用されていないからだ」と平松氏に責任を転嫁。関係決裂を決定づけた大事件となる。

ともあれ、首長会議の決定に従い大阪府営水道は廃止され、大阪市を除く府内すべての市町村により「大阪広域水道企業団（以下「企業団」）」が設立され、二〇一一年四月から事業を開始した。

松井知事・橋下市長時代

二〇一一年一二月の任期満了に伴う市長選挙では、知事を辞任した橋下氏が平松氏を破る。橋下市政は、松井一郎新知事とともに企業団と大阪市の水道事業の統合（通称ワン水道）を進めていく。しかし、統合案を市議会に提出したものの、「市民にメリットがない」と維新を除く全会派が一三年五月に否決。統合協議はいったん停止した。

否決の主な理由は、①大阪市の資産はすべて企業団に無償譲渡、②大阪市の水道料金の維持が担保されない、③企業団の議員定数の配分枠が少ない、などである。大阪市の水道料金は政令指定都市のなかで最も安い。ワン水道で大阪府域の水道料金制度が定められれば、値上げは避けられない。しかも、これまで大阪市民が支払ってきた水道料金で建設・整備されてきた施設などの資産は企業団に無償譲渡されるのだから、「大阪市民にとってメリットがない」という市議会の判断はもっともだろう。

統合協議が否決された一か月後、「水道事業の民営化の検討」が発表され、経営形態の変更＝コンセッション方式導入の議論が始まった。以後、次々と関連提案が示される。

二〇一三年一一月：「水道事業民営化について（検討素案）」の提示
二〇一四年四月　：「大阪市水道事業民営化基本方針（案）」の提示、パブリックコメントの募集（一一〇〇件中、反対・懸念が多くを占めた）
二〇一四年一一月：「水道事業における公共施設等運営権制度の活用について（実施プラン案）」の提示
二〇一五年五月　：大阪都構想をめぐる住民投票の実施
二〇一五年八月　：「修正実施プラン案」の提示

松井知事・吉村市長時代

二〇一五年一一月に吉村洋文氏が大阪市長に就任すると、翌年二月には「大阪市水道特定運営事業等実施方針（案）」が提示された。そのポイントは以下のとおりである。

①資産・政策的な責任は大阪市に置いたまま、運営は新設株式会社が行う「上下分離方式による民営化」かつ「公共施設等運営権制度（コンセッション方式）」を活用。
②設立当初は大阪市が一〇〇％出資し、事業開始後三～五年以内を目途に、株式の一部の民間事業者への売却を検討する。

③事業契約期間は三〇年とする（再延長で最大六〇年）。

④水道担当部署（モニタリング部署）を設置するが、職員は二〇人とする。そのほかの職員は退職とし、運営会社に転籍させる。

⑤三〇年間での財政効果は九一〇億円（人件費削減三〇〇億円、公契約手法の大型化三〇〇億円、一般会計分担金三一〇億円）。ただし、三〇年間で五七〇億円の法人税などの税負担が発生する。減免措置がされなければ、財政効果は三四〇億円にとどまる。

私たちが本格的に動き出したのは、この実施方針案が示されたときで、ぎりぎりのタイミングであったと言えよう。

なお、注目したいのはコンセッションの表現だ。浜松市では、市側が「運営委託方式」と表現するなど「コンセッションは民営化ではない」と思わせることにやっきになっているが（第4章1参照）、大阪市では当初から「民営化」と表現している。推進派は「コンセッションは民営化」と認識し、民営化への市民の抵抗感がこれほど広がるとは想定していなかったのだろう。

二　STOP！水道民営化——市民側の動き

党派を超えた団体での活動

大阪都構想の住民投票以降、大阪府で進められる新自由主義的な政策に対して疑問を持つ市民たちによる個人・団体間での協力・連携が、さまざまな分野で進んだ。そのネットワークを生かして発足したのが「大阪の水道を考える市民の会（以下「市民の会」）である。発足の際に気を付けたのは、党派・宗派など「特定の色をつけない」ことだった。私たちの脳裏にあったのは、大阪市営地下鉄民営化の反対運動である。

結果論かもしれないし、それ以外の要素も大いにあるだろう。しかし、市営地下鉄民営化の反対運動は党派色があると認識され、年間三〇〇億円の黒字の超優良資産であったにもかかわらず、市営地下鉄は民営化されたのだ。

私が属するＡＭネット（Advocacy and Monitoring Network on Sustainable Development）は、二〇〇三年に開催された第三回世界水フォーラム以降、水道民営化問題に取り組んできた国際協力団体である。当時は、「民営化で料金が上がり、南の国の貧しい人びとが水道へアクセスできなくなる」という海外の問題だった。地方自治の知識などまったくなく、大阪都構想以後の活動がなければ、迅速に対応できなかっただろう。

私たちは水問題に長く取り組んできた市民団体、大阪都構想以後に誕生した団体、現場を知る労働組合とともに市民の会を発足させ、以下の六つを行っていった。

①陳情、②議員・会派まわり、③記者会見、④リーフレット作成（ポスティング・街頭宣伝）、⑤インターネットによる議会の議論の拡散、⑥シンポジウムの開催と他団体での講演。

ＰＦＩ法と水道法の改正を受け、各地でコンセッション方式の導入が進められようとしているが、導入するかどうかは自治体が決定する。つまり、今後は地域戦となる。皆さんの地域での実践を期待して、大阪市での取り組みを具体的に紹介したい。

反対ではなく、慎重に議論を進めることを陳情

陳情と請願の取り扱いは、自治体によってさまざまだ。たとえば、大阪市では請願も陳情も委員会で審査され、採択・不採択の評決を行い、結果が提出者に通知される。一方、大阪府の場合、請願は大阪市と同じ扱いだが、陳情は「委員会に送付した」と提出者に通知がくるだけだ。また、多くの自治体で請願書は議員の紹介がなければ出せないため、紹介議員の会派に左右され、ある意味で「ひも付き案件」となる。過半数を持つ会派ならば有利だが、そうでない場合、これまでの会派同士の関係に引きずられる可能性を持つ。

陳情と請願のどちらを行うかは、陳情の取り扱い、会派の構成人数、アクセスできる議員の会派など、それぞれの状況に応じて判断が必要だろう。

市民の会は、最大の目的は議員への情報提供であり、大阪市は陳情も請願と実質的に同じ扱いで全議員に配布されるという理由から、陳情書の提出を選択した。その概要を紹介する。

①インフラ投資は、世界的に年金基金などの機関投資家が主流。水道事業の公共性に興味を持たない株主となる懸念がある。

②水道事業には三〇年や五〇年単位での技術革新を考慮した投資が必要だが、残りの契約期

間に影響される懸念がある。

③災害協定を超えた自治体同士の助け合いで実施されてきた災害時の対応に、民間企業が入った前例がなく、これまで同様に実施できるか不透明である。

④職員がいなくなれば、技術は喪失する。料金改定要請の拒否は実質的に困難であり、料金が高騰する懸念がある。

⑤丁寧な議論と情報開示をしたうえであれば、適正な水道料金の値上げも解決法の一つだ。

⑥ＰＦＩ／コンセッション方式は、「リスクは行政に、利益は民間に」なるという批判が世界的に高まっており、各国で再公営化が進んでいる。

⑦ＴＰＰなどの貿易協定によって、外資からＩＳＤＳ（二〇ページ参照）を用いた訴訟リスクが生じる。

こうした懸念をあげ、あえて「反対」とは書かず、「長い目での大阪市民の利益を踏まえ、慎重に議論を進めること」を要請した。「反対派」への抵抗感を少しでも減らし、議会・会派で公平な議論を進める材料にしてほしいという思いからである。

記者会見と議員・会派まわり

陳情書をフェイスブックなどインターネットで公開したところ、反応は上々。そこで提出時に記者会見を行った。記者会見を開くこと自体は簡単だが、記者が集まるかどうかが重要だ。

記者が来たいと思うプレスリリースを考え、案内タイトルを工夫した。

「瞬く間に五〇〇〇ビュー(閲覧者)を獲得した、『水道民営化』への陳情書提出アクションのお知らせ」

当日カメラは入らなかったが、テレビ局を含めて一〇社の記者が参加した。だが、多くの記者が異動になったため、イベント告知を兼ねて四か月後に、次のタイトルで二回目を開く。

「イベントページに一万四〇〇〇ビュー超え！　ちょっと待って！その「水道」の民営化～大阪の水のこれから。公共の可能性～世界では二三五件も再公営化！～」

当時の私の率直な感想は、「記者は驚くほど水道のことを知らない」。大阪市の水道の実態も、世界中で水道民営化が失敗して再公営化されている事実も、TPPなどの貿易協定でのISDSも、知らないように見えた。記者会見自体は記事にはならなかったが、記者へのレクチャーとなり、その後の記事の論調に影響を与えられたと思う。

大阪市のコンセッション方式導入(民営化)は、条例の改正案であった。条例の制定・改廃は、議会の出席議員の過半数で決定される。委員会で過半数の賛成を得られなければ、本会議にかけられない。だから、委員会での議論が重要になる。

まず確認すべきは、水道民営化について議論される委員会、各会派の人数、委員(議員)の考え方や選挙区の状況である。市民の会は各会派と仲良くしようと務めた(結果的に、維新とは仲良くできなかった)。情報は公開し、自分たちだけのものにしないことが大原則である。ただし、信頼関係を維持し、情報源を守るために、現場や議員から個別に聞いた話は明らかに公表できることのみを公にするように心がけた。

記者会見後、紹介者探しから始めて各会派をまわり、陳情書の内容を説明して考えを聞いた。しっかりした紹介者がいれば、議員も聞く耳を持ちやすい。紹介者がいない場合は、直接議員の事務所に連絡するのが一番だろう。票を持つ有権者の言うことは、むげにできないからだ。議員との面会でさまざまな意見を聞いたなかで、とくに記憶に残っている反応が二つある。

「担当職員からの説明にＴＰＰやＩＳＤＳなどなかった」

「要するに、ブラックボックス化するということですね」

農業が盛んではない大阪府では、ＴＰＰはまったく重視されていない。以前に市民向けの説明会開催を要請したとき、府庁の総合案内で担当部署すら分からなかったほどだ。また、都道府県であれば政府の説明会があったが、市町村対象の説明会は私が知るかぎりない。大阪市に詳細を知る職員がいるはずもなく、議員が説明を受けていないのは当然だろう。

「ブラックボックス化」という本質を知った議員は、陳情書の情報をふまえて的確な質問を市議会で展開した。さらに、維新も含めて各会派が質問し、陳情の目標は達成できた。市民が頑張れば、議員は勉強し、議会での議論が深まるのだ。

リーフレットの作成

次に取り組んだのは、市民に知らせるツールとしてのリーフレットづくりだ。大阪市の元職員や研究者など、さまざまな知見を持ち寄って作成した(**図5-1-1**)。

この時点では、ほとんどの市民は水道が民営化されそうになっていることを知らない。また、私の経験上、水道民営化を問題視する人たちも、自分が住む市町村の水道の状況をほとんど知らない。大阪市では「赤字の水道を民営化で良くする」というイメージが先行していた。だが実際には、前述したように大阪市の水道料金は政令指定都市で最も安いうえに、年間一〇〇億円の黒字であり、今後二〇年以上も黒字経営が予想される。市民の会では民営化の懸念を発信すると同時に、大阪市の水道は市民の誇るべき財産であることを繰り返し主張し、それを民間企業に渡してもいいのかと訴えていく。

なお、二〇一八年八月に第二弾のリーフレットを発行した(http://ur0.link/LZQO)。こちらは、発行元を変えれば全国で配布できるよう作成している(問い合わせ先 amnetosaka@yahoo.co.jp)。

いま、全国に水道民営化の導入が懸念される「要注意地域」がある。厚生労働省の「コンセッション導入に向けた働きかけ(トップセールスリスト)」に挙げられている自治体や、「上下水道一体の事業診断による経営の効率化促進事業」など、内閣府が支援している自治体だ。前者の対象地域の要件は、「人口二〇万人以上、平成二五年度に原則黒字経営、二〇四〇年度まで

図5－1－1　リーフレットの表紙

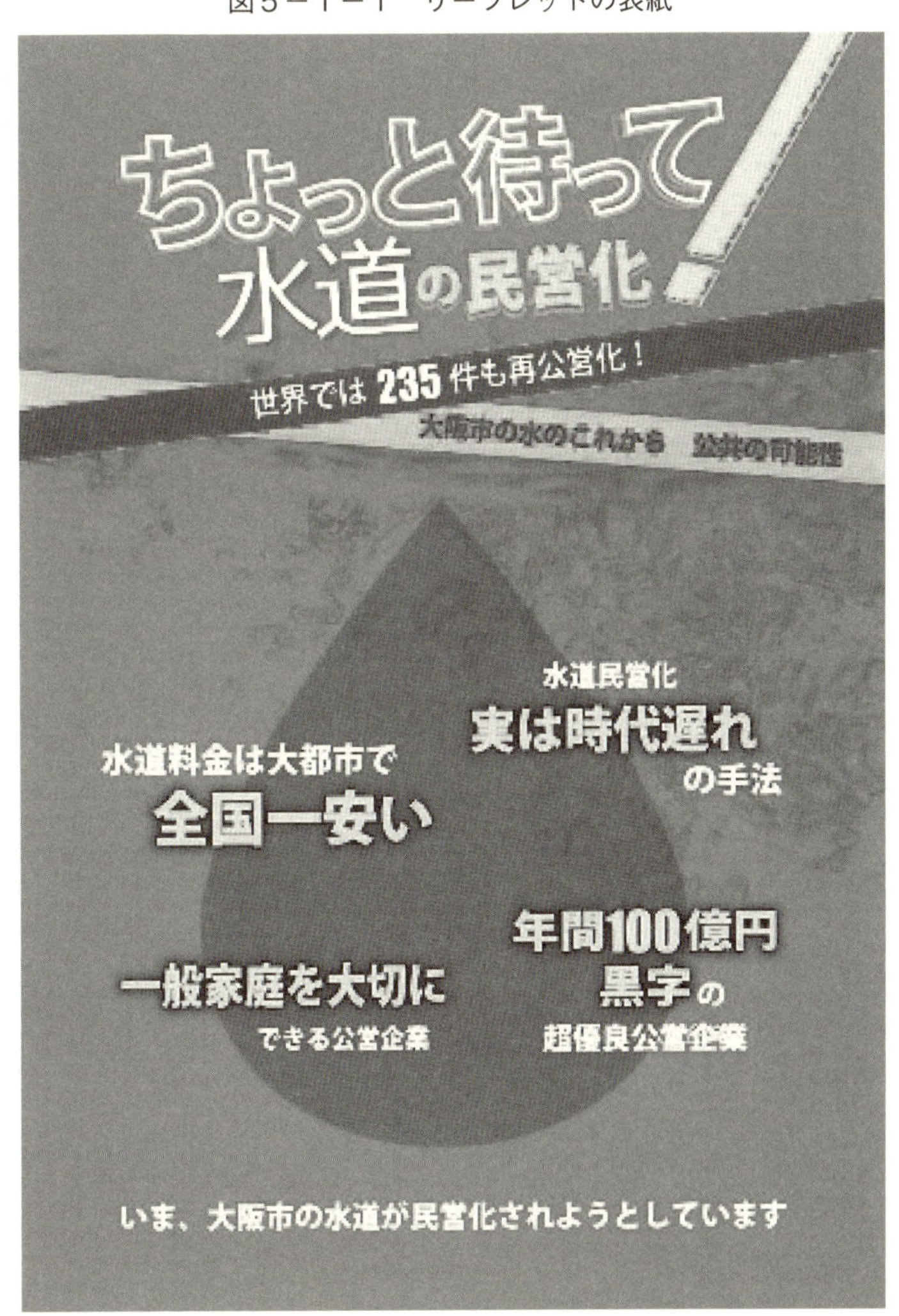

（出典）https://drive.google.com/file/d/0Bz4cgaa9CBKLUy1Ld3hNcUF4bGM/edit

人口減少率が二〇％以下」である。[1]つまり、コンセッション導入が狙われているのは、「そこそこ人口がいて、今後もあまり減らず、黒字」という、民間事業者が好条件で運営できる自治体なのだ。こうした自治体には、リーフレットでの市民の会の次の主張があてはまる。

〈主張①〉「良質の水道水を安価で使える」制度

多くの自治体で水道料金は、「使用量が多いほど単価が高い」料金設定になっている。その結果、小口ユーザーである一般家庭の水道料金は「給水原価（水道水をつくるコスト）」より安いことも多い。それは、水道料金を決定する議会の多くが、低廉な料金で公共サービスとして提供すると判断しているからであろう。水道事業体は独立採算制の公営企業であるが、議会が必要だと判断すれば、一般会計から水道に資金投入できる。

大阪市では世帯全体の約九八％を占める一般家庭の水道料金設定は、給水原価を下回っている。残りの二％の大口ユーザーだけで、利益を上げているのだ。良くも悪くも、こんな収益構造は民間企業ではあり得ない。

小口ユーザーは手間がかかるため、割高の料金設定が民間企業の常識であろう。「民営化で水道料金が安くなる」とよく言われる。しかし、「原価割れで手間もかかる小口ユーザーである一般家庭」の料金を、利益を追求する民間企業がより安くすることなどあり得るだろうか。

〈主張②〉 水道民営化は「問題の先送り」でしかない

今後、人口と水需要の減少によって収入が減る一方、施設・設備の老朽化で支出は増えると予想されている。その前提条件は、民営でも公営でも同じだ。

図5−1−2を見てほしい。これは、大阪市水道局が作成した、民間企業(運営会社)と現状の公営企業で運営した場合の今後三〇年間の収支シミュレーションの試算だ。

「民営化でコストダウンに成功する」という試算をもってしても、経常収益が右肩下がりであることに変わりはない。人口と水需要の減少によって収入は減り続け、老朽化した管の入れ替えなどで支出は増え続けると予想されるからだ。図が示す二〇四七年(平成五九年)の数年後には、民間企業であっても赤字転落が予想される。この状況は、他都市でも同様だろう。つまり赤字転落までの猶予期間が数年間稼げるだけであり、問題の先送りでしかない。大阪市議会でも、根本的な解決にならないとの指摘が相次いだ。

コンセッション方式導入を検討している自治体で、収支シミュレーションが公表されていなければ、議員を通じて水道局が試算を提示するよう働きかけよう。

〈主張③〉 適正な水道料金とは？——料金値上げはタブーなのか

水問題の解決を検討する産学官民の枠組みである「チーム水・日本」が、「人口減少時代の水道料金はどうなるのか？(改訂版)」の試算をインターネットで公開している。これは二〇四

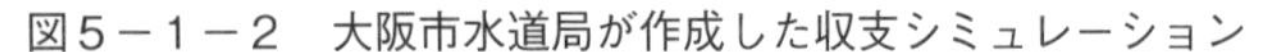
図5－1－2　大阪市水道局が作成した収支シミュレーション

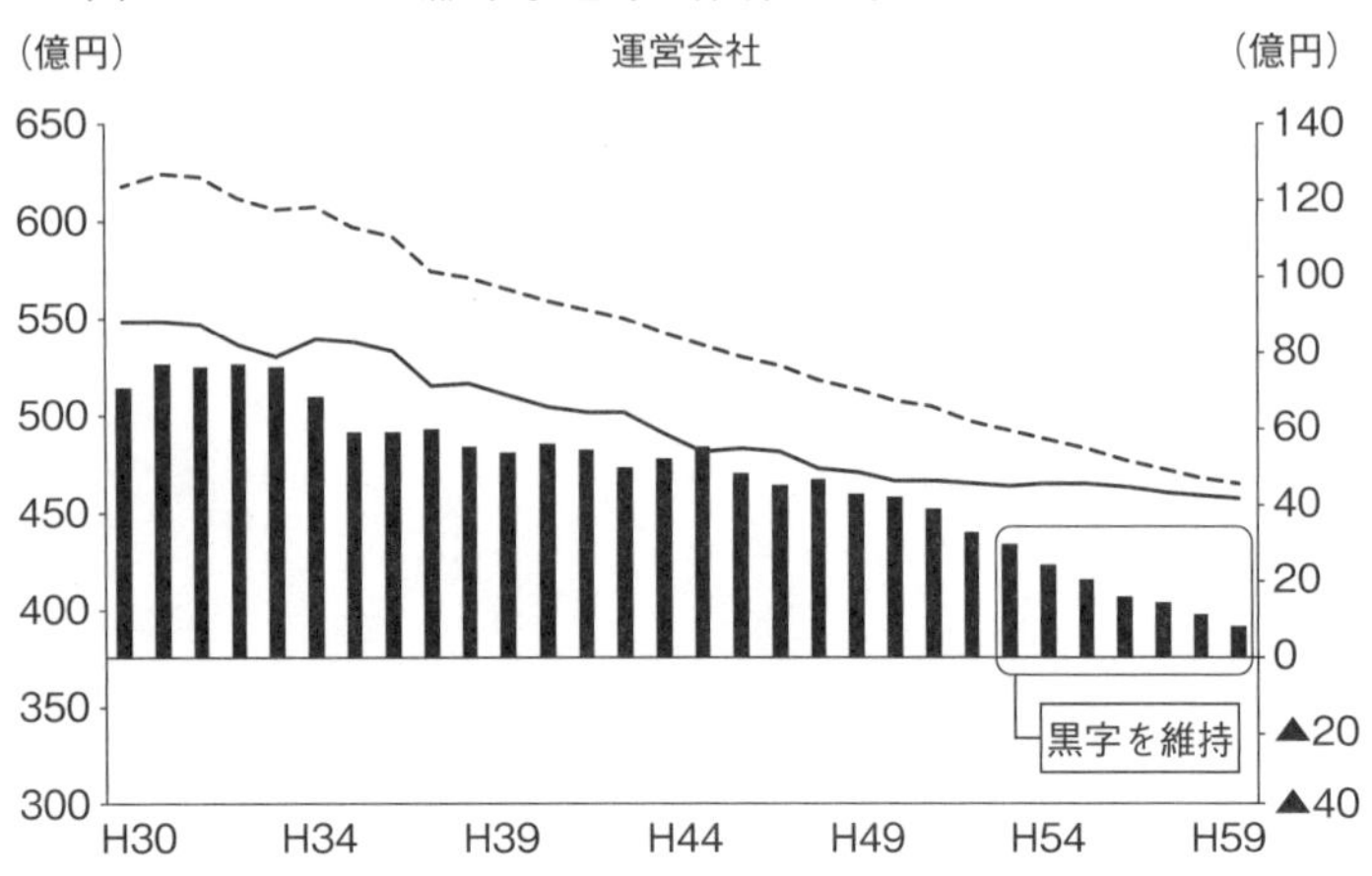

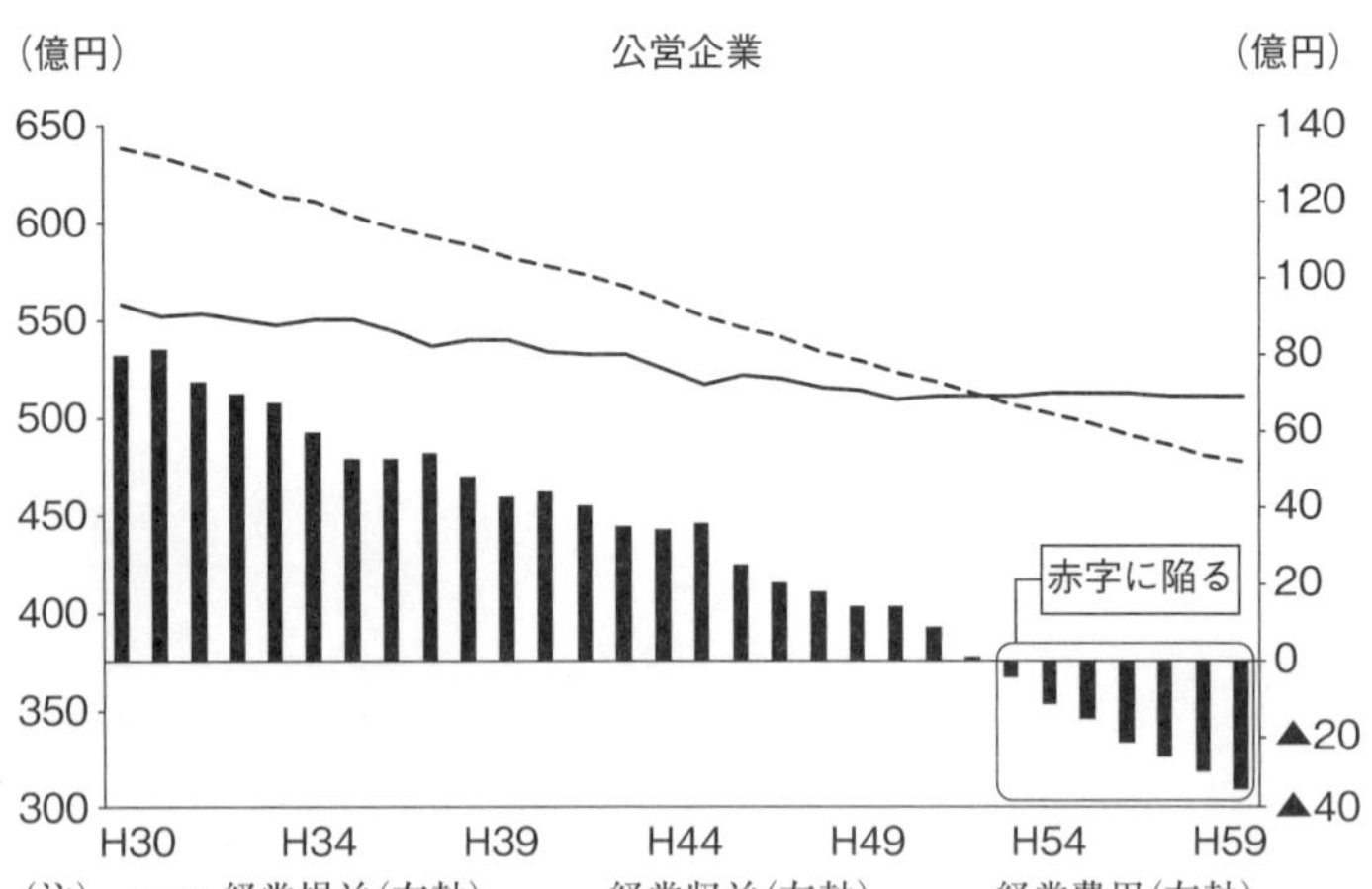

(注)　▬ 経常損益(右軸)、--- 経常収益(左軸)、── 経常費用(左軸)
(出典)大阪市水道局「水道事業における公共施設等運営権利度の活用について(修正版)」2015年。

〇年まで黒字経営を続けられる場合の、人口減少率などを加味した各自治体の水道料金の将来予想だ。

人口減少を予測しているにもかかわらず、現在の水道施設を維持するという前提の試算であり、丸のみにはできないが、参考にはなる。この推計で見ると、大阪市は「一か月あたり二〇〇円値上げすれば、二〇四〇年まで黒字」と試算されていた。前述のトップセールスリストに載る自治体の多くも、同様に値上げ幅が低い。

一方、大阪市の収支シミュレーションでは、料金値上げは試算されなかった。市議会で「値上げの話はタブーのように取り扱われている。(民営化の是非を、長年)結論が出せない状況であれば、市民に対し実情を説明し、料金値上げの可能性を、経営形態の見直しと同時に議論してもいいのではないか」と発言した議員もいた。だが、値上げの検討は現在もされていない。

大阪市では、仮に一か月二〇〇円値上げしたとしても、全国平均より安い。「民営化が最適だ」と言い切るあまり、他の解決方法が検討も議論もされていないことが最大の問題である。

インターネットによる議会の議論の拡散

水道民営化と大阪市の民営化案の問題をできるかぎり分かりやすく市民にインターネットで周知すると同時に、市議会での議論を拡散した。議員が良い質問をしているかどうかは、議会を傍聴すれば明白だが、議会をチェックする市民は一般的にほぼいない。大阪市議会では、民営化に慎重な姿勢の議員ほど質問の質は高い傾向があった。

どの議員がどんな主張をしたのか。議会での質問や議論を紹介し、解説を加えることで、議員の理解度や成熟度が一目瞭然となる。インターネット上での一定の影響力を推進派や行政側が認めると、市民側の発信をチェックせざるを得なくなる。

市議会での議論をチェックして感じたことは、餅は餅屋で、「さすが議員」ということ。新たな情報も多く得られた。市民が頑張っても、得られるのは基本的に公開されている情報だけだが、議員は情報量も経験を含めた質問のノウハウも違う。そもそも議員の仕事は、行政への質問だ。市民側が持つ知識は、エッセンスでしかない。議員の本業を発揮してもらうように、後押ししよう。

大阪市で活動する市民の間では、大阪都構想についての住民投票を通じて、住民自治の重要性が広く知られていった。有能な議員でも、すべてのテーマに精通することは難しい。それぞれの分野に関心を持つ市民が現場を知る労働組合とともに、市民目線を有する研究者の知識を借りて問題提起する。国際的な視点や専門知識のある市民団体は、それらをとりまとめて分かりやすく発信・提言する。そして、議員がこれまでの知見をもって議会で質問し、議論する。議員にお任せではなく、多くのセクターが協働してそれぞれの強みを生かせば、より良い社会をめざすことができると、一連の活動を通じて確信した。

2016年７月に行ったシンポジウム。250人以上が集まり、会場は満員

シンポジウムの開催

大阪市で進むさまざまな新自由主義的な施策（市営地下鉄の民営化、市民病院の廃止、大阪府立大学と大阪市立大学の統合など）をテーマに、何が問題なのかを可視化するシンポジウムを他団体と連携して共催。これらは市民活動家を主なターゲットとして行い、多くの団体に水道民営化へ関心と学習会開催の動きが広がっていく。

イベント時には、リーフレットを山積みして会場に置いた。「リーフレットを持ち帰り、知り合いなどに配ってほしい」とお願いすると、毎回数百枚単位で持ち帰られた。シンポジウムに参加者を招くだけではもったいない。多くの市民に、それぞれが持つリソースを発揮してもらおう。

私たち市民は、限られた資源と労力のもとで活動せざるを得ない。やみくもに主張するだけではなく、目標、ターゲット、ターゲットに影響を与えられる人物を具体的にシミュレーションしなければ、効果が上げられない。水道民営化については、最終的に決まるのは地方議会だ。議会と委員会の多数を握る会派はどこで、主張はどうか。その会派の議員の地盤はどこか。各選挙区で市民や業界団体に支持される訴えは何か。

テーマが何であれ、課題解決のためにアクションすることは変わらない。「市民の会」の活動は、コミュニケーション・オーガナイジング[2]の考え方を大いに参考とした。①目標を決め、②ターゲットをしぼり、③ターゲットごとのアクションを起こす、という三つを意識的に行うのだ。こうすれば、具体的な成果が見えやすくなる。興味がある方は、特定非営利活動法人コミュニティ・オーガナイジング・ジャパン（COJ：http://communityorganizing.jp/）にアクセスしてほしい。

【祝！】水道民営化実施プランは廃案

大阪市議会は二〇一七年三月、水道民営化の根拠となった条例改正案を廃案とした（一七六ページ参照）。

当時の私はホッとしたものの、戦いはまだまだ続くという思いが強く、手放しに喜ぶ心境ではなかった。しかし、市議会で推進派の維新以外の会派はすべて民営化に慎重であったこと、吉村大阪市長が二〇一八年一二月に「水道事業全体のコンセッション導入は、いまは考えていない」と発言したことを受けて、いまようやく思う。市民側の勝利だった、と。

三　広域化はうまくいくのか――問題が多い一部事務組合

二〇一八年の水道法改正によって、都道府県に「広域的な連携の推進役としての責務」が追加された。大阪府では、すでに大阪市以外の四一市町村で広域化が始まっている。大阪府の企業団はうまくいっているのだろうか。広域化の課題を考えてみたい。

大阪府ではワン水道の協議（一七八ページ参照）のもとで広域化が進められたため、地理や地形に関係なく、またあるべき姿を協議する時間もなく、府単位での統合を優先したというのが実態だろう。一般に水道・清掃・消防などの事業が広域化される場合、一部事務組合や広域連合を設置して運営する。大阪府の企業団は二〇一一年以降、一部事務組合で運営されている。

一部事務組合は複数の自治体が共同で行政サービスを行うための組織で、構成する自治体から議員を選出し、議会を持つ。大阪広域水道企業団議会の議員数は三三人（堺市のみ三人、他の市町村は一人）だ（二〇一九年七月現在）。議員を選出できない市町が一一もある。

議事録を見ると、毎回議長選出後に、「今定例会の会期は本日一日で良いか」と、議論が始まる前に会期が決まる。内容は、方針・予算、補正予算、決算の承認のみで、毎回三〇分〜一時間。質問はほとんどなく、あっても、規定により一人三回しか質問できない。定例会の開催は年に二〜三回のみ。つまり、水道事業の内容についての議論はほとんどない。ただし、これは大阪府の企業団に限ったことではない。全国の一部事務組合で以下のような問題が指摘されている。

①構成団体である各自治体の利害の調整が困難または時間がかかる。
②事業についての議論がなく、広域圏の政策をつくって実効性を確保することが難しい。
③議会の形骸化によって、チェック機能が失われている。

その結果、市町村の議員や住民から遠い存在にならざるを得ないのだ。仮にワン水道が実現すれば、大阪府の水道が一気に民営化されるのではないかと私は懸念している。

一〇〇％自己水源で、「水源—浄水場—水道管—蛇口」まで水道事業のノウハウを持つ大阪市と、「水源—浄水場」しかノウハウのない大阪府(企業団)が協力できるのだろうか。あるいは、イニシアティブ争いとなるのだろうか。

企業団の水源に頼る必要がない大阪市と、堺市のように一〇〇％企業団の水源に頼る市町村では、状況が大きく異なる。水道料金も水源も違うし、各施設への過去の投資や財政状況も違う。一般に都道府県と市町村でも市町村同士でも、利害関係の調整が困難ななかで、都道府県が事業の推進役となることが果たして適切なのか。広域化して民主的な決定が可能なのか。課題は大きい。広域化が必要な地域もあることは事実だが、慎重に進めるべきである。

四　公共サービスのあるべき姿を求めて

大阪市では二〇一九年二月、「改正水道法の適用によるPFI管路更新事業と水道基盤強化方策について（素案）」が発表された。民営化すなわち水道事業全体のコンセッション方式導入ではなく、「管路更新事業のみ一五年間のPFI等の民間活用を行うもの。二〇一九年度に議論する」という。メリットは、①管路耐震化の倍速化、②事業費圧縮、③削減した人員の再配置による効果、としている。

PFIを導入すれば、耐震化のスピードを「倍速」にできるのかなど疑問は多い。だが、最も指摘したいのは「これ以上、行政は現場を失ってはならない」という点だ。この素案でPFIを導入すれば、大阪市は管路耐震化の現場をすべて失う。すなわち、管路耐震化のノウハウ・技術力を失うのだ。

大阪市の下水道はすでに、経営形態が見直された。二〇一七年度から下水道事業は包括委託され、今後数年以内にコンセッション方式の導入が検討されている。その前段階として、現場作業に従事する職員はほぼすべて退職し、新しく設立されたクリアウォーターOSAKAへ転籍した。下水道も上水道も、コンセッション方式の導入による課題と懸念は変わらない。内閣府が支援しているコンセッション導入調査を見ても、狙われるのは市民の関心が薄い下水道ではないだろうか。

市民の会は今後、大阪市を中心に「水道だけでなく下水道を含め、これ以上のＰＰＰ／ＰＦＩを進めるべきではない」「現場を失うＰＰＰ／ＰＦＩより、現場を強化し持続可能な水道を」と呼びかけていく。コンセッション方式だけが問題なわけではない。業務委託を含む官民連携・ＰＰＰの数を増やすのではなく、管路の特徴を知る自治体職員を増やし、技術とノウハウを蓄積していかなければならない。行政が公共サービスの質を担保するためには、長期的な視野を持った投資が欠かせない。現場の技術とノウハウの蓄積に向けたポテンシャルがあるのは、圧倒的に公営である。

ただし、公営であっても、短期間で職員を異動させていては技術とノウハウの蓄積は期待できない。加えて、各地でこの十数年近く、若手職員の採用がほとんどない。一九八〇年代以降の約三〇年間で、約三〇％の職員が全国で削減されている。大阪市水道局も二〇〇五年の約二二〇〇人から一八年には約一三〇〇人と、一三年間で四割も減った。

ここまで職員が減り、新人採用が長年ない状態で、技術継承できる事業体はあるだろうか。そして、急激な人員削減にもかかわらず同程度の業務量を担うとなれば、民間に任せるしかないという判断になってもおかしくない。つまり、業務委託を含めたＰＰＰ／ＰＦＩの導入は、「行政が諦めた」結果なのだ。しかし、それは市民のためになるのだろうか。安全な水は、当たり前ではない。水源や流域を含む地域性の熟知や非常時の対応は、現場を持たねば不可能だ。

それなしには、水道は持続しない。

地域によって、水道のあるべき姿は変わる。それを市民目線で、現場職員、議員、研究者、市民団体など多様なセクターで議論することが必要だ。改めて強調したい。「これ以上、行政は現場を失ってはならない」と。

そして、最も効率が良いのは「公営で改革を進める」ことだ。どの水源や施設を維持すべきか。そのための組織のあるべき姿は何か。必要な職員数はどれくらいか。いまは、民主的な議論に基づいて改革できる最後のタイミングかもしれない。

（1）二〇一七年一月現在で、コンセッション導入に向けた働きかけを済ませた事業体は以下の一九。大阪市・奈良市・広島県・橋本市・紀の川市・ニセコ町・浜松市・大津市・宇都宮市・さいたま市・柏市・横浜市・岐阜市・岡崎市・三重県・四日市市・京都府・熊本市・宮崎市。

（2）二〇〇八年の米国大統領選挙で、バラク・オバマ氏の選挙参謀として初の黒人大統領を誕生させたマーシャル・ガンツ博士が創始した草の根組織モデル。市民の力で社会を変えていくための方法と考え方。

2 広域化で経営を改善し、職員は確保●岩手中部水道企業団

菊池 明敏

多くの自治体が赤字経営

岩手県のほぼ中央部に位置する北上市・花巻市・紫波(しわ)町は、北上川や北上山地、奥羽山脈など自然に恵まれ、水が豊富な地域だ。この地域の水道事業を運営する岩手中部水道企業団(以下「企業団」)は、二〇一四年四月にスタートした。協議開始から設立までに、約一〇年かかっている。

三市町の水道事業は二〇一三年度まで、岩手中部広域水道企業団(以下「旧企業団」)から水の供給を受けていた。旧企業団が北上市の入畑(いりはた)ダムから三市町の各浄水場に水を供給し、三市町が浄水場から住民に水道を供給する。旧企業団はダムの水を公平に三市町に供給するために一九九一年に設立された組織で、地方自治法に基づく一部事務組合(一九五ページ参照)にあたる。

二〇〇二年に旧企業団議会の一般質問で、「企業団と三市町の事業体を統合し、広域化する

ことは考えられないか」という意見が出された。当時、旧企業団が行っていた水道供給事業の施設稼働率が低く、五割程度しかなかったからだ。ダムで水をつくっても、実際には半分程度しか使われていなかったのである。

日本では高度経済成長期、人口の増加を見込んで水の需要予測が立てられ、右肩上がりの供給を前提にしてダムなどの施設を造っていった。しかし、二〇〇五年から人口が減り出し、使用水量も一九九五年をピークに減少する。したがって、ダムや浄水場などはいわゆる過大投資施設になり、自治体が所有して稼働させても見合う収入がないために、累積赤字が膨らんでいく。これは全国の自治体に共通しており、三市町でも同じ課題をかかえていた。

稼働率が低いもう一つの理由は、各市町に存在する自己水源だ。誰でも自己水源がかわいいので、地域の自己水源を守り、そこから水を供給しようとする。それで足りない分を旧企業団の用水から買っていた。しかし、自己水源の多くは地下水で、脆弱かつ不安定である。渇水期には水位が下がり、地震があれば濁る。また、地下からポンプアップする際には電力が必要だし、処理にも多くの薬剤を使用するなど、コスト面での負担も大きい。

こうしたなかで、将来を見据えて三市町の事業を統合し、広域化できないかという声が上がったわけだ。

水道の広域化を考える委員会がスタート

二〇〇四年一月、旧企業団に「岩手中部広域水道事業在り方委員会」を設置した。この委員会に三市町の若手・中堅の水道職員を集めて、水道事業をどうすれば維持できるか、どんな改革が必要か、議論を重ねていく。私がこだわったのは、今後の水道事業を担う若手・中堅職員を中心の組織にすることである。

私は当初、水道広域化の実現は非常に難しいと考えていたし、実際に委員会では全員が「統合なんて無理だ」と述べた。ところが、そこから先がある。「どうすればできるのか」「これではうちの財政はもたないぞ」と話し合いは白熱し。議論は終わらなかった。職員たちは多くの現場を見ているし、供給水量の減少や疲弊した会計も知っている。誰もが危機感を持っていたのだ。その後、一年半で二三回も会合を開き、それ以上の回数の飲み会も行い、飲み会の席でも熱い議論は終わらなかった。

職員が真剣に議論をしたきっかけの一つは、具体的なデータをもとに将来予測をしたことである。二〇〇〇年代前半は、水道事業の問題はまだ全国に広がっていなかったが、厚生労働省はアセットマネジメント（資産管理）の手法を示していた。そのころ資産管理を行った自治体はほとんどなかったと思う。私はその手法を用いて、資産の実態や将来的な見通しを算出したところ、何の手も打たなければ三市町とも料金は値上げせざるを得ないし、値上げしなければ経営は破綻するという結果が出た。私が大きなショックを受けたのは言うまでもない。

委員会では、この結果も示しながら議論を続けた。これが起点になり、二〇〇七年に地域水道についての「水道ビジョン」を策定する。ここで広域化を三市町の方針とし、〇九年からその基本構想と事業計画を作成した。

図５－２－１　３市町の水道料金のシミュレーション

円（1000ℓあたり）
紫波町単独
花巻市単独
北上市単独
統合
340
300
260
220
180
2010　13　18　23　28　33　38（年）

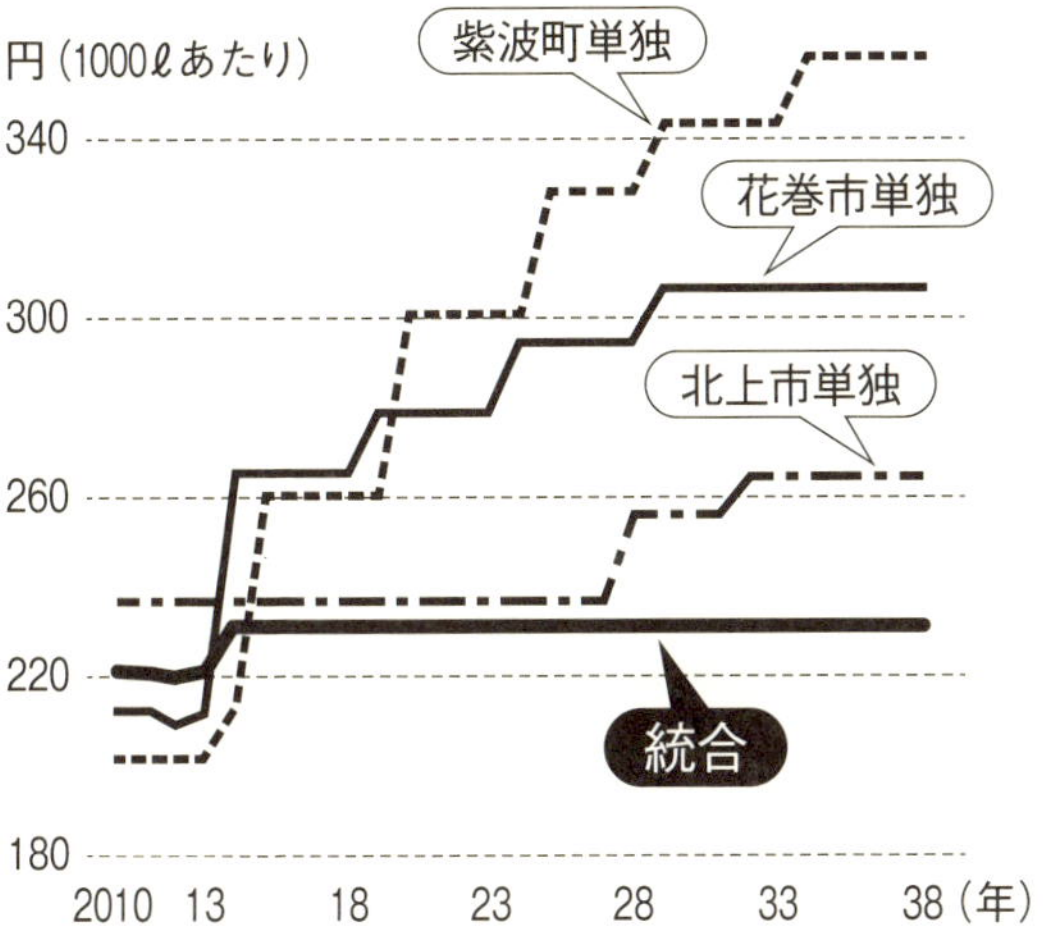

（出典）筆者作成。

水道事業は自治体ごとに、予算も運営方法も料金も違う。三市町での調整や役所内での説得には、非常に時間がかかった。しかし、統合せずに単独で事業をやっていけば水道料金は跳ね上がることを数字で示して、首長たちに説明した。具体的には、三市町が単独で事業を続けた場合と、広域化した場合の二つのパターンについて、二〇三八年までの三〇年間の水道料金のシミュレーションを作成したのだ（図５－２－１）。

老朽化した水道管の更新費用や水道施設の維持費・人件費、水道収入などを計算すると、単独で行った場合、紫波町で約三六〇円（二〇一〇年は約二〇〇〇円)に、花巻市では約三一〇〇円(同二二〇〇円)に、北上市では二七〇〇円(同二四〇〇円)に、それぞれ料金を上げなければならない。一方、広域化すれば三市町ともに二三〇〇円ですむ。新たな手を打たなければ、花巻市と紫波町は一・四~一・八倍になる見込みだ。北上市はすでに料金を上げているが、基幹浄水場を建設すれば料金は上がる。一方で三市町が広域化して適切に施設をダウンサイジング(小規模化)していけば、値上げは最低レベルに抑えられる。

現状のままとするのか、広域化するのか、の選択だ。私たちが示したデータは、多くの自治体がタブーとしてきた「不都合な真実」である。だが、その真実に目を背けることはできない。住民説明会も開き、同様の説明をして「皆さんどちらを選びますか?」と問いかけた。最終的に三市町の首長も住民も納得し、事業統合が決まった。

小規模化による経費削減と小さな集落への配慮

こうして二〇一四年に現在の企業団を創設し、三市町の水道事業を統合して運営している。給水人口は約二二万人だ。

まず取り組んだのは、過剰投資となっている施設の小規模化である。広域化されたことで、市町の境界部で生じていた権利問題がクリアされ、「この水源は止めよう」「この浄水場(施設)は使わないようにしよう」という判断が可能となる。私も小規模化を実行してみて驚いたが、

表５－２－１　施設の統廃合による規模の縮小

	2011年(a) 広域化事業計画策定時	2015年(b) 水道ビジョン策定時	2018年４月	2025年(c) 目標年次	増減 (c－a)
取水施設数	36	33	32	23	▲13
浄水施設数	34	30	29	21	▲13
配水施設数	86	84	84	76	▲10
ポンプ施設数	65	65	65	66	1
合　　計	221	212	210	186	▲35

（出典）筆者作成。

純粋に経営効率という観点から、しがらみなく決めていけた。

私たちが作成した事業計画では、二〇一一年に三四あった浄水場を二五年に二一に減らす。これで、安定的なダム水源を最大限に使い、脆弱な水源の使用は七％以下に抑えられる見込みだ。実際に企業団の設立から四年で、浄水場は三四から二九に、取水施設は三六から三二に減らした（表５－２－１）。その結果、四年間で約七六億円の経費が削減でき、五割だった浄水場の稼働率は八割に上昇した。料金もほぼ三〇年間のシミュレーションどおりである。

住民にとっても、脆弱な水源から安定的な水源に代わるのはよいことだ。なかには地元の名水にこだわる方もいるが、私たちは命に関わる生活用水のベースは安定した水源を使っていただき、名水は名水で飲み続けていただこうと考えた。

災害時の水源確保も重要で、一つの水源だけでは弱い。そこで、異なる水源から水を確保するために、管路更新をしていく際に、同じ断層をまたがない水源からバックアップとしてまわせるように整備している。そうすれば、メインの水源が使えな

小又地区の緩速ろ過現場で確認・作業をする筆者

い場合でも生活用水が確保でき、究極の耐震化ができる。

　私たちはまた、人口が非常に少なく、かつ今後も減少すると予測される小さな集落への供給にも取り組んでいる。たとえば山間地の小又地区（旧花巻市）では、最も標高が高いところは水源が近く、水量も十分確保できる。だが、その下につながる水道管は老朽化している。さらに低いところにはヒ素が含まれている水源があり、処理コストが高い。こうした集落の浄水場や水道管をどこまで経費をかけて更新していくのかという厳しい選択を自治体はしていかなければならない。

「陸の孤島」のような状態になったとしても、住民に水道を供給する責任が私たちにはある。しかし、これまでと同じ設備投資に費用をかければ、結果的に数十年後には過大投資となって次世代につけをまわす結果になる。

　そこで、私たちはそうした地域の浄水場を廃止し、代わりに住民が簡単に維持管理できる緩速ろ過の仕組みを導入しようと考えた。緩速ろ過は、ろ過層の表面に棲む目に見えない微生物の働きで浄水する。薬品に頼らず、土壌が水をきれいにする自然界の仕組みを応用した方式だ。それは、水源がきれいだから可能になる。住民が一か月に一度ごく簡単な作業をするだけで維持でき、イニシャルコスト（初期費用）もランニングコスト（維持費用）も大きく削減できる。現在は実証実験の段階だが、うまくいけば全国の小さな集落で使えるだろう。

専任職員による「水道のプロ」集団の育成

企業団が事業統合する際に最もこだわったのは、職員の数と資質だ。一部事務組合の場合、通常、職員は管轄する役所からの出向という形をとる。出向した職員は、三年経てば人事異動で別の部署へ移る。それでは専門性が蓄積されていかない。だから、企業団を設立する際には専任職員のみで構成すると決めていた。三市町の全職員に企業団への移籍希望の調査をしたところ、一定数の希望者があった。結局、正職員の定員七二人に対して、初年度だけで六五人がいったん退職して、水道のプロとして働くために企業団に移籍した。

企業団が職員を採用していけば、技術が蓄積される。ある程度大きな組織になれば、複数の課が設けられる。その間で異動すれば、技術だけでなく事務や経理も覚えられる。最終的には、水道について総合的な経験を積み、経営ができる職員も育てられる。全員がプロパー（専任）職員であることの強みは、ものを見る時間軸がしだいに変わることだ。三年でまったく別の部署に異動するのであれば、その間にできることしか考えない。一方、長く勤める職場であれば、地域に水道をより良く供給していくための長期的なプランを立てるようになる。

現在は正職員の七二人に非常勤を含めて、一〇〇人近くが働いている。これが私たちにとっての最低規模で、減らすつもりは一切ない。一〇〇人規模であれば、毎年技術職と事務職を一名ずつ採用できるし、組織内部で技術を継承して専門家集団も育てられる。

なぜ私たちが専任職員にこだわるのかと言えば、広域化であれ、小規模化であれ、実行するのはすべて人間だからである。私自身もかつて資産管理をやってショックを受けたが、そこで逃げずに、ではどうすればよいかを考えてきた。同じように、現実をよく見て、考え、動く職員を育てていけば、組織は続く。実際、施設を小規模化するときも、緩速ろ過の仕組みを実験するときも、職員が勉強をして知識を持ち寄ったからこそ実現できた。

創設から五年でかなりの過大投資を減らしてきた裏には、このような職員の努力がある。こうした人材は、単独経営を続けていたら絶対に得られていなかったと思う。熱意ある職員たちが私たちの強みだろう。

他の自治体ではすでに、水道職員はどんどん減少している。だが、上下水道の場合、いくら人件費をカットしたとしても、全体の経費からすれば一〇%程度にしかならない。つまり、無理して一割のコストを削減しても、たったの一%にしかならないわけだ。仕事が増えてみんな

図５－２－２　水道と下水道の投資と使用水量の比較

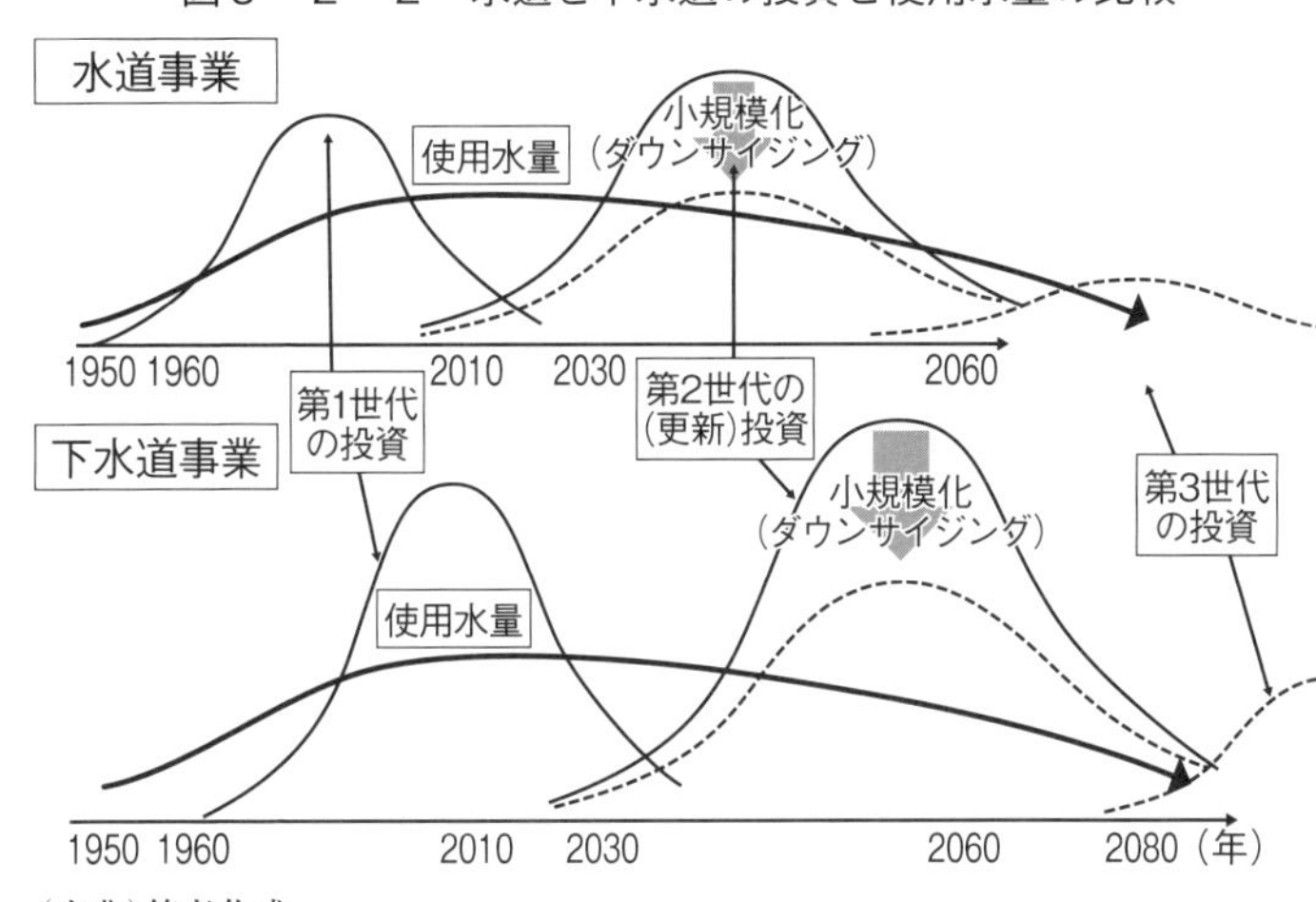

（出典）筆者作成。

が疲弊すれば、本末転倒である。人を育て、過大投資になっている施設を減らしていくことで、十分に結果は出していけるはずだ。

危機を迎えて自治体が迫られる判断

高度経済成長期に一斉に造られた水道インフラが更新時期を迎えている一方、人口は減少している。当時の投資を「第一世代の投資の山」とすれば、これから数十年かけて行う投資は「第二世代の投資の山」になる（さらに「第三世代の投資の山」も想定される。**図５－２－２**）。人口も使用水量も減るなかで、第二世代の投資の山をどれだけ低くできるかが勝負だ。事業統合や小規模化を徹底して、将来世代への負担を可能なかぎり軽くしていかなければならない。

日本の水道の特殊性は、戦後急激に大きな投資を行ったことである。これによって多くの技術者が育ったという利点があるが、水道と下水道で大きな二つの投資の山が生まれた。諸外国では施設が壊れたら少しずつ直して使い続けてきたため、日本のような高い投資の山は生じていない。人口の急増と急減も含めて、世界でも例のない経験をすることになる。

私自身は、今後の投資の山を乗り越えるためには施設の統合と小規模化しかないと思っている。そのための広域化であり、職員の確保だ。ところが、多くの自治体で広域化は進んでいない。やろうという声はあっても、踏み込めない。その根底には、自治体間の事業格差がある。水道料金が安い自治体は、「広域化したら水道料金が上がる」と考えて、前向きになれない。しかし、その認識は甘いと私は思う。

三市町のケースでも、紫波町や花巻市は施設更新へ投資しなかったから、安い水道料金を維持してきた。北上市は料金を一定程度上げて投資にまわし、施設の更新を行って、全国平均並みの有収率（給水した水量と、料金として収入のあった水量との比率）を保ってきた。こうした事業のあり方の違いが料金の差となって現れる。水道料金を上げずに設備投資にもまわせているのならよいが、実際にはそうではない。本来、水道事業は資産価値を含めて、三〇年や五〇年という長い期間で考えていかなければならない。現状のみを見て判断したり、問題を先送りしてはならないのだ。

現時点でも、全国の水道施設の稼働率は六割しかない。四割の水が余っている。この四割には減価償却費もランニングコストもかかっているのに、一円の収入も生んでいない。

また、現在は主に地方の市町村の水道事業の経営が深刻だ。しかし、東京都はじめ都市部も決して他人事ではない。東京都では給水人口こそ増えているが、節水効果もあって使用水量はどんどん減っている。政令指定都市の使用水量も右肩下がりである。東京都でも人口増が止まれば、大きく減っていく。そのときどうやって水道事業を維持していくのか、いまから考えていかなければならない。

さらに、水道より厳しいのが下水道だ。下水道の投資は水道より一〇〜一五年遅れて進んできた。そして、事業費は水道の約三倍かかるので、投資の山も高い（図5―2―2）。すでに多くの自治体で下水道事業は赤字となっており、足りない資金はほとんど一般会計から繰り入れをしている。会計上は見えにくいので、これは「隠れ赤字」とも呼ばれる。

しかし、一五年後に更新投資が始まると、水道より大きな山がやってくる。水道よりも統合や小規模化を加速したとしても、この高い山は吸収できない。下水道の更新時期が本格的に来たら、おそらく社会問題になるだろう。もちろん、赤字経営となっても下水道を止めるわけにはいかないから、優先順位を変えてでも支出していかなければならない。一般会計からの繰り入れを増やす、つまり税金を投入することになる。その場合、福祉や教育などの予算が切り詰められる危険性がある。

公の役割は最後に腹をくくること

こうした多くの課題に対して、政府は官民（公民）連携のひとつとしてＰＦＩ・コンセッション方式を推奨している。私たちはこれまで、コンセッション方式の導入を検討したことはない。それは、自分たちで技術を持って専門職員を育てていくのがコンセプトだからである。

広義の官民（公民）連携はこれまでも進めており、包括委託なども行ってきた。公民連携とは、公と民の両方が理念を持って対等な立場でパートナーとして協働することである。そうした連携は進めていくべきだと思う。しかし、技術を含めたすべての運営権が民の側に移り、しかもコンセッション方式のような二〇～三〇年という長期の契約となれば、間違いなく公（水道企業団）の職員から水道に関する技術やノウハウが消えていく。契約して三〇年後には、それまでの投資が正しかったのか、この料金でよかったのか指摘できる職員はいなくなる。それは私たちの理念とは相容れない。

私は、公というのは最後に腹をくくる役割だと思っている。たとえば災害による断水が起こったとき、公であれば即座に「給水車を出そう！」と判断できる。だが、民間企業が運営に全面的な責任を負っている場合はどうだろうか。

あるいは、社会的に大きな問題になる地域については、「耐用年数を過ぎた水道管はすぐに更新しましょう」と言うだろう。それは間違った判断ではないけれど、私たちのように現場をよく把握している公の立場からすれば少し違う。私たちは地域の水道管の細かい状況や老朽化の度合いをずっと見てきている。だから、耐用年数という一律の基準をあてはめるのではなく、「ここの水道管はまだ大丈夫だから更新は五年後にしよう」という診断をすることもある。

では、更新前に事故があったらどうするのかと言えば、そこで腹をくくって「給水車を出そう！」と言えるわけだ。こうした判断は、民間企業にはできないだろう。まだ維持できる水道管であっても「耐用年数が過ぎたから更新しよう」となれば、それが少しずつ積み重なって過大投資をもたらす懸念もある。小規模化の流れに逆行することにもなりかねない。

コンセッション方式を導入するのかどうかは、各自治体の判断に委ねられている。私たちはコンセッション方式を選ぶことはない。重要なのは、現実をきちんと受けとめ、持続可能な水道事業のために自分たちで考え、計画的に統合・小規模化していくことだ。

3 公営水道の再構築――公公連携、公民連携、住民参画、流域連携

近藤 夏樹

一 水道法の変質

水道法は、憲法第二五条が定める生存権の保障を具現化するため一九五七年に施行された。原則として市町村が水道事業を運営し、「公共の福祉の増進」を目的とする。

第一条で「清浄・豊富・低廉」を謳い、二〇一八年の改正でも変更されていない。清浄は国民の公衆衛生のため、豊富は水がなくては生活に困るため、低廉は国民が等しく安全な水の供給を受けられるためであり、これらが水道整備の目的となる。また、第二条では「水が貴重な資源であることにかんがみ、水源……の清潔保持並びに水の適正かつ合理的使用」を国・自治体・国民の責務として定めている。つまり、日本国民に対して、いのちの水を全国で等しく保

障することをめざしているのであって、「たくさん売って儲ける」市場原理とは相反する。

また、公営上水道事業経営の法的根拠となる地方公営企業法第三条は、こう定めている。

「地方公営企業は、常に企業の経済性を発揮するとともに、その本来の目的である公共の福祉を増進するように運営されなければならない」

水道・電気・交通といった地方公営企業は、効率的運営と公共の福祉の増進という、非常に難しい両立を求められている。それゆえ、住民が支払う水道料金を住民へ還元するため、長期的な視野に立って持続的・安定的かつ安全に経営しなくてはならない。

二つの法律の主旨から考えると、水道事業に携わる者はその事業が生存権の保障をめざしていることを強く自覚する職員を育てなければならない。短期的利益を追求する民間企業の経営とは根本的に理念が異なるのだ。

ところが、改正水道法では第一条に定める目的を、改正前の「保護育成」から「基盤強化」に替えた。保護育成とは、国民の生存権保障のために水道事業を財政的にも技術的にも援助していく責務があることを意味する。だが、国は「水道事業は人・物・金の面で危機的な状況だ」として、住民に水道インフラの負担を求める結果になる官民連携（コンセッション方式導入による民営化）を推進するために、「水を商品化」する水道法へと変質させたのだ。また、過度の人員削減や委託拡大によって地方公営企業の弱体化を招いたことを検証しないまま、技術力の確保には官民連携が必要だとしている。

最近では水道職員の間に、「委託でも仕方がない」「いまさら直営ではできない」といった「諦め感」が広がってきた。彼らは展望を失い、将来を見据えた水道事業を考えられなくなっている。官民連携と広域化の推進が、そうした状況を解決できるのだろうか。むしろ、水道事業の目的が公共の福祉の増進であるという本質を見失うことにならないだろうか。

二　地方公営企業から失われていく人材

人材の喪失は技術の継承を困難にする

人材育成には時間とコストがかかる。そのコストは水道料金によってまかなわれる。それ自体は、公営でも民間企業でも変わらない。水道のようなインフラ事業では、人件費の削減効果は限られている。だが、国は人件費を削り続けてきた。また、人が育つ環境がなければ、職員の応募・定着につながらず、結果として人材育成コストは無駄になる。したがって、短期契約かつダンピング競争にさらされる委託業務において、人材育成環境の整備は難しい。

いま必要な議論は、公共と民間のどちらに「基盤強化」の可能性があるかではない。水道事業を支える人材は住民の財産であるという観点から、なぜ人材危機に陥ったかを分析し、具体的施策に取り組むことである。まず、危機的状況を招いた原因についてまとめてみよう。

人材の喪失は、一九九九年施行のＰＦＩ法に象徴されるように、公務労働の市場開放（民間委託）圧力が強まった時期と重なる。とくに中小規模事業体の技術者不足は、二〇〇二年の水道法改正においても大きな問題とされた。「技術力の高い第三者（他の水道事業者等）に業務を委託して適正に管理を行うための規定の整備を行う」というのが、当時の改正の目的である。

ところが、他の公営水道事業者への委託（公公連携の手法の一つ）も視野に入れていた当初の方向性とはかけ離れ、民間委託に舵が切られていく。その後、団塊の世代の大量退職や、二〇〇三〜〇五年にピークを迎えた市町村合併（平成の大合併）に伴う広域化も合わさって、中小規模事業体から人材が失われ、その流れは大規模事業体へ波及した。

現在では、市町村の水道部門が採用要望を出しても総務部門が受け入れない、募集しても応募がないという状況も報告されている。採用されても、すぐに辞めるケースも少なくない。退職の不補充によって世代が隔絶した状況での採用は、コミュニケーション不足や、一気に多くの業務を担当するなどの困難を伴う。その結果、現職と新規採用者の双方に負担がかかる。

頻繁に行われる人事異動

水道事業は、大規模な施設・設備を建設・維持管理する設備産業だ。独自の設計・監督の技術・技能が必要となるし、一般行政とは異なる複式簿記による公営企業会計が適用される。現場を熟知したノウハウの蓄積と継承には、相当な期間がかかる。

筆者が採用された一九八五年ごろは、「水道一家」という言葉があった。採用から退職まで

図5－3－1　委託の進行と頻繁な人事異動

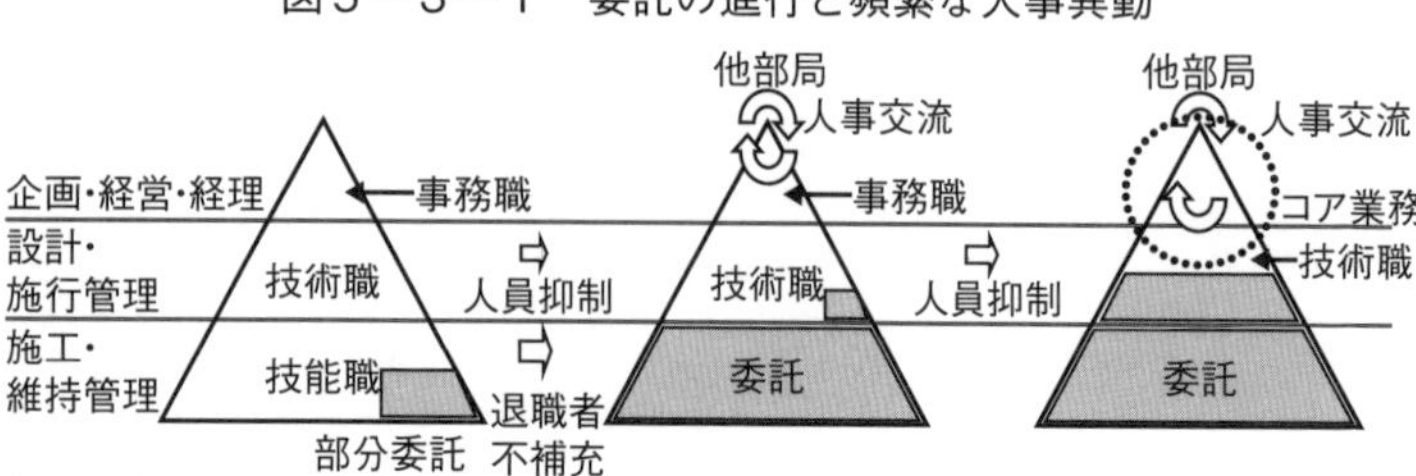

（出典）筆者作成。

水道部門で働く事業体が多かったのだ。しかし、一般部局との人事交流、法体系や経営、技術の違う上水道と下水道を統合した人事交流が三～五年で行われるようになり、生え抜きの職員が育たなくなった。これでは危機管理はもちろん、住民のための将来計画が望めない（図5－3－1）。

水道法改正に向けて開かれた厚生労働省の「第二回水道事業の維持、向上に関する専門委員会」（二〇一六年五月二三日）に出席した日本水道協会の尾崎勝理事長（当時）は、次のように指摘している。

「中小規模水道事業体における災害対応では、特に小規模の水道事業体は概して技術者が少ない、いないに等しいという感じがしたときもありました。（中略）やはり人材育成、技術継承が大事だと思います。また、これを言うと厚生労働省の水道課長が怒るかもしれないのですが、水道課にも経験者というか、ある程度その場を踏んでいる人が必要だと思いました。水道ビジョンの策定のときにも、職員の人事異動は少し長めにしようと、今後の対応をお話ししていたのですが、その後も人事異動が激しく、今回（筆者注：熊本地震）を見ても大変苦労しており、やはりある程度長めの人事異動によって、こういう災害時の技術継承もしっかりしたものとすることが大事だと思っています」

厚生労働省が作成した「新水道ビジョン」（二〇一三年）でも「水道事業部局を越えた頻繁な人事異動による専門性の低下も懸念されることから、職員数のみならず、職員個人の資質・能力の確保についても配慮が必要」と記述されたが、実際に配慮されることはなかった。

失われていく災害対応能力

一九九五年の阪神・淡路大震災では、断水による消火活動の停滞から火災の延焼が拡大。倒壊した家屋の下敷きになった被害者を救出できず、犠牲者が増えた。また、断水の復旧まで最長三か月もかかり、ダムに依存する大都市水道の脆弱さが露呈した。これを機に、政令指定都市の水道事業体が中心となり、全国から支援に入る事業体の指揮を行う体制を築いていく。それは、初期の応急給水活動だけではなく、早期通水に向けた漏水調査活動、復旧作業も含む。

水道事業体職員は日常業務で、バルブ操作、漏水調査、工事監督などを経験している。だから、災害時に緊急・異常対応が可能だ。加えて、指揮を行う経験を積んで、対応能力を身につけていった。新水道ビジョンでは、職員の減少によってこうした適切な支援が行えなくなるのではないかと述べられている。

「近年の地方公共団体の水道事業従事職員は減少傾向にあり、仮にこの傾向が続くとすれば、将来の発生が懸念される東海地震、東南海・南海地震、首都直下地震などによる大災害時、全国の水道事業者等が、自らの平常時の事業を継続しつつ、被災事業者に対して迅速かつ適切な支援を行うための人員を確保できるかどうか、非常に大きな懸念を抱かざるをえません。このことは、地方公共団体が水道従事職員を合理化する際に勘案すべき重要な事項といえます」

その懸念は、すでに現実となっている。災害支援派遣が長期化すると、派遣元の事業体では通常業務を遂行する人員が不足し、「派遣職員も残される職員も大変」な状況に陥っているのだ。また、日常業務による経験を失った職員は、断水復旧のためのバルブ操作など基本的な作業にも慣れていない。

浜松市は「震災時も都市間協定により対応が行われる」と説明している。だが、合理化を行った民間企業と、ゆとりを確保して非常時の訓練・研修などの人材育成を行おうとする公営企業との相互連携に公平性が保たれるのか、はなはだ疑問である。地方公営企業は独立採算制を基本としているため、危機管理能力や災害時対応能力を維持するコストも水道料金に含まれる。したがって、経費削減は人員削減に直結する。

三　民営化・広域化は人材確保・技術力低下に対応できるのか

トップセールスと基盤強化の矛盾

「PPP／PFIアクションプラン」を受けて厚生労働省が選定した「トップセールスリス

ト」対象事業体の選定基準は、「人口二〇万人以上、平成二五年度に原則黒字経営、二〇四〇年度まで人口減少率が二〇％以下」だ（一八六ページ参照）。比較的経営基盤がしっかりしている「市場価値」のある事業体を対象としており、裏を返せば民営化による「基盤強化」は必要ないと言える。

一方で、包括委託や第三者委託を実施していることも選定基準としているように、すでに技術力が失われた事業体では、「技術力の確保」を民営化の理由としている。民営化に至るプロセスは、新規採用を抑制（退職者不補充）し、部分委託から包括委託へと進行させることによって事業体から人材を失わせ、「諦め」感を広げ、民営化しか選択肢がなくなる状況に追い込んでいく意図があったのだと感じる所以だ。

ただし、委託の進行を客観的に見た場合、民間企業にノウハウが蓄積されたとも捉えられる。そして、委託の発注・契約方法を見直していけば、事業の継続性と労働者の権利向上を両立できるはずだ。したがって、コンセッション方式が人材と技術力を確保するための唯一の手段とは思えない。

ＩＴ技術による労働者の拘束

水道は二四時間稼働のライフラインだから、施設を監視・操作するために、中央管理室と呼ばれる事業所内に交替制勤務職員が常駐している。しかし、最近ではＩＴ技術の進歩によって、携帯端末(スマートフォンなど)に施設の故障・警報が転送されるシステムが導入され、施設状態の監視や操作まで可能な携帯端末遠隔監視業務(仮称)が可能となった。その結果、事業所外でも監視・操作が行える。広域化や人員削減という「効率化」を理由に、IT技術が導入されるのだが、情報が転送される職員や委託労働者は二四時間三六五日、判断・対応を迫られる。

私たち自治労連公営企業評議会が実施したアンケートおよび聞き取り調査では、従事する職員へ超過勤務手当が正当に支払われていない実態もある。また、「枕元に端末を置いて夜間や休日でも対応している」「施設担当者は一人なので対応しなくてはならない。住民のためにも、水を止めるわけにはいかない。もう慣れましたが…」などの声に代表されるように、公務としての自覚から労働者の権利を「我慢する」状況も見られる。

私たちは二〇一八年一月に、実態調査と改善を求めて厚生労働省と交渉した。その際、労働基準局監督課企画・法規係の担当者は、「実態は不明だが、場合によっては二四時間労働であると言える可能性はある」と述べている。

こうした先進技術のコスト削減効果も見極めなくてはならない。通信・遠隔操作の設備投資や維持管理費用に見合う事業規模がなければ、コスト増につながる可能性もあるだろう。

広域化による水源廃止とエネルギーロス

改正前の水道法第二条の二では、水道事業の運営は「当該地域の自然的社会的諸条件に応じて、水道の計画的整備に関する施策を策定し、……実施する」とされていた。改正後は、都道府県が「基盤の強化に関する施策を策定・実施」するとされ、広域化を含む基盤強化計画は都道府県が推進役となる。

改正前の水道法は、日本の国土と水環境をよく理解し、身近な水源を大事にする理念を持っていた。だが、改正後の都道府県による広域化推進は、地域住民が水源を選択する機会を奪い、昔から使われてきた貴重な自己水源を廃止し、ダム水源の比率を高める懸念がある。たとえば全県広域化を行った香川県では、早明浦(さめうら)ダム(高知県)を水源とする香川用水の比率を高め、いくつかの自己水源を廃止する計画だ。

自己水源を生かすためには、さまざまな条件に適応し、地域の実情に見合った浄水技術と施設の建設が求められる。また、水源を含む保全・維持管理は住民の理解と協力なしには実現できない。

そして、広域化は大規模な浄水施設と送水管によって効率化が図られる例もあるが、送水によるエネルギーロス(電力消費)が生まれる。たとえば川崎市では、自己水源(地下水)の浄水場(日量一〇万m³)を廃止し、宮ケ瀬ダムを水源とする神奈川県企業団の水供給(原水)を受けるようになった。酒匂(さかわ)川下流の飯泉(いいずみ)取水場(小田原市)から取水した水を六五〇〇kwの巨大なポンプで、約五六キロも送水している。

図５－３－２　四つの連携

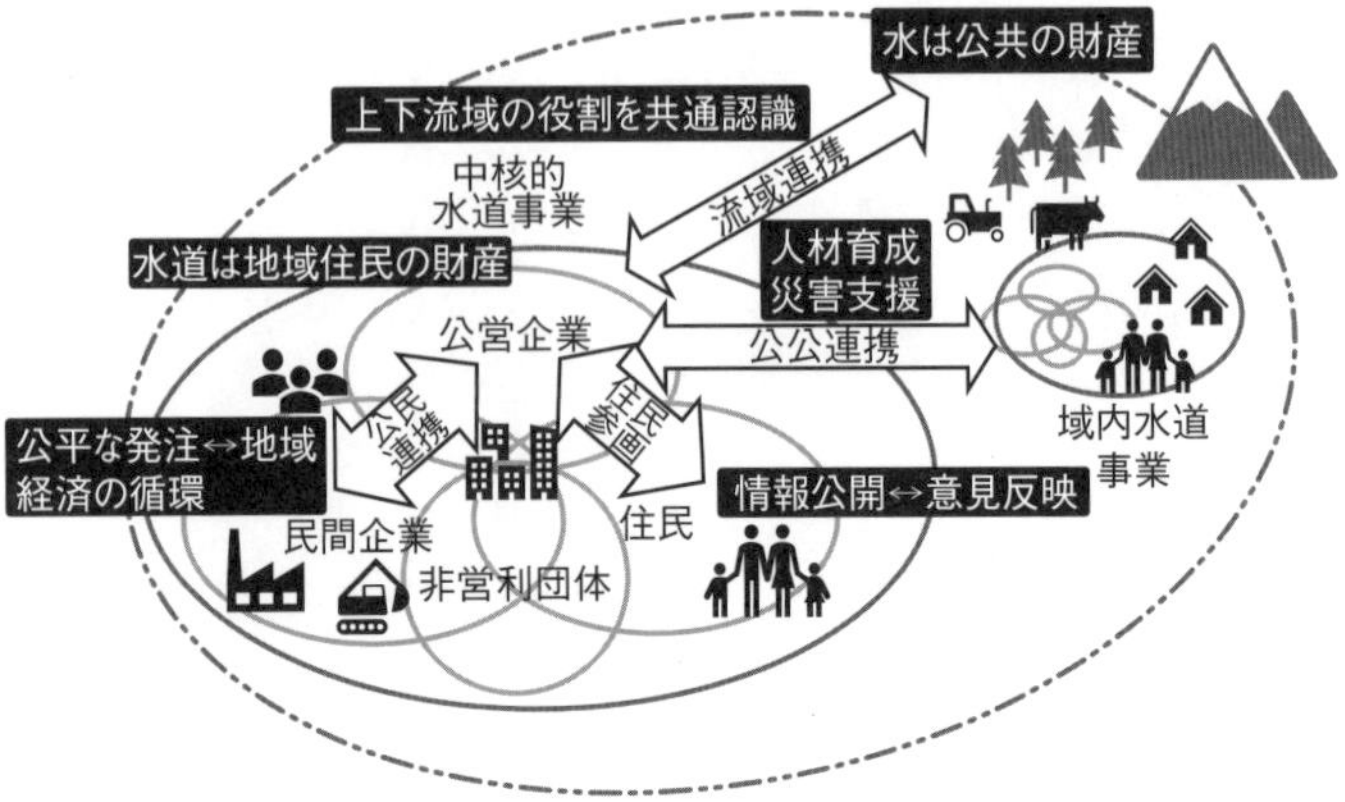

（出典）筆者作成。

四　公営水道の再構築

国が推進する広域化と官民連携への対案となる水道事業再構築の柱は、公公連携、公民連携、住民参画、流域連携の四つの連携である（**図５－３－２**）。本稿では紙面の関係で概念のみを記す。詳しくは自治労連公営企業評議会のホームページ[1]に公開しているので、アクセスしていただきたい。

公公連携――中核的事業体が圏域の水道を支える

中小規模事業体では、多くの業務を委託したために職員が業務内容を分からなくなり、委託管理ができなくなる。また、政令指定都市などの大規模事業体でも新規採用ができない状況が続き、災害時支援能力や水道技術の向上に果たしてきた役割が失われている。

図5－3－3　中核事業体による公公連携構想

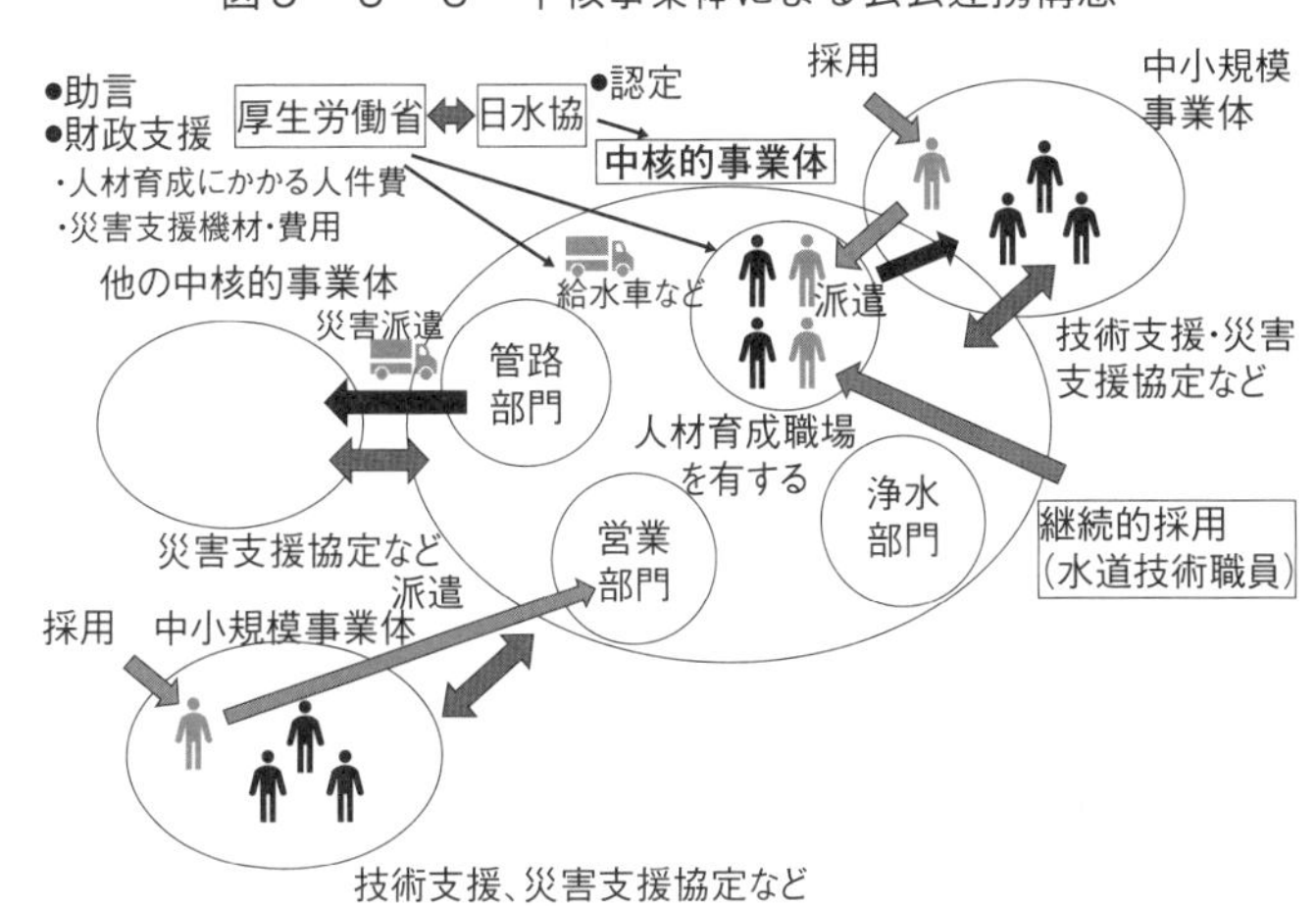

(注)日水協＝日本水道協会。
(出典)筆者作成。

公公連携構想は、中核事業体が連携事業体の技術・技能を支えて再構築を図るとともに、災害時・異常時の相互連携を強化し、人材を育成していく構想である(**図5－3－3**)。中核事業体は以下の機能を満たす必要がある。

①継続的採用と人材育成の組織体制
計画的・継続的に新規採用が行われ、他の部局などへの異動が配慮されている。

②派遣受け入れ規模に見合うＯＪＴ職場(全部門)
派遣職員などの実践のための直営職場を全部門かつ圏内規模に見合う規模で有する。

③災害支援能力と災害時指揮能力
災害支援の際、日常業務に支障を生じないことはもちろん、指揮を行える経験を有

する。

④技術・技能の向上に努めている

先進技術の導入や水道施設維持管理に必要な技能を有し、技術的援助も行える。

⑤経営的安定

将来にわたり、経営が安定している。

こうした機能を考えると、事業規模の大きさや「各都道府県にいくつ」といった一律的基準ではなく、流域や交通拠点などの地理的条件と文化圏を考慮して、中核事業体を決めることが重要である。

そして、中核事業体の実践フィールド(直営職場)が人材育成の核心となる。それは、たとえば複数の浄水場を有している場合、すべてを委託するのではなく、最低一つは直営で運転・維持管理する浄水場を残し、日常業務を行う職場を指す。この直営職場は、自らの職員の育成と連携事業体から派遣される職員のスキルに応じた数段階の育成カリキュラムを持ち、実務をとおしてレベルアップを図る。また、中核事業体の人材育成セクションと連携して、フォローアップ計画の作成や外部研修などを行い、連携事業体圏内全体のレベルアップを図る。

この仕組みがあれば、中小規模事業体の職員は、中核事業体への出張や協定に基づく派遣によって一定の知識・技術を身につけられる。ただし、人事異動の配慮や、派遣できるだけの職員配置が必要である。また、公公連携構想は中小規模事業体における地域住民に密着した水道職員の育成が目的であり、中核事業体に依存するものではない。中小事業体は独自の採用・人材育成計画を持たなければならない。

公民連携――公平な発注と地域経済の循環

国が進めるコンセッション方式は、水道料金を地域住民に還元する仕組みとは言えない。運営権を得た企業は数十年間、独占して事業を行う。

現在の公共発注でも、元受け企業と二次、三次下請け企業との契約において、労働条件や安全衛生、業務水準の監視は難しい。コンセッション方式の運営企業が行う民民間契約は、さらに不透明となる恐れがある。浜松市のケース（第４章１・２）が、それを証明している。一般に民民間契約が公開されるとは考えにくく、当該地域の中小企業は運営（元受け）企業の発注条件に従わざるを得なくなる。こうした民間企業の「自由な競争」を前提とした「経営改善」を進めるのが、コンセッション方式による「官民連携」である。

これに対して私たちは、「公民連携」と表現している。それは、政権の施策を実行する「官僚」ではなく、地方自治を重んじる地方公務員が、水の自治を守る立場で住民と協力して水道事業を進めるからである。ここでの「民」の定義は広い。非営利団体や公益法人、民間企業などが、地域の住「民」として水道経営と地域経済のあり方を考えていく。労働者・経営者、生産者・消費者、発注者・受注者など、利害・権利関係はさまざまであってよい。

インフラ産業である水道事業は、事業費ベースでは圧倒的に民間企業の力によって成り立っている。水道管敷設や浄水場建設などの工事、施設の維持管理の業務委託なしでは、運営できない。

公営企業は、大企業と中小企業の役割・特性を生かした分割発注を行う。そして、公共工事への参加機会を保障し、品質の確保と労働安全衛生の向上を図る観点を備えた公契約制度や公的監督を通じて、より確実な施工が行われる仕組みを構築する。こうすれば地域でお金がまわり、地域経済は発展していく。一部の企業が独占する市場では、格差が拡大するばかりだ。

住民参画――水道事業は住民の財産

住民が水道事業を共同経営する。世界の再公営化から得るべき教訓は、水という公共財のコントロールを民間企業だけに任せてはならないということだ[2]。ただし、公営だから同じ過ちを起こさないとは限らない。日本では、公務員バッシングの風潮と政権の圧力のもとで水道事業の本旨を見失い、水を商品として扱うことへの疑問を感じる職員が少なくなっているという危惧がある。

それでも、水を商品として扱う水道民営化に直面した住民たちは、水道事業の現状を知るなかで、単なる「民営化反対」を超えて、水道事業のあり方自体を考えるようになっている。浜松市では、市が市民向けに行う「出前講座」での対話を通じて、選択肢はコンセッション方式だけではないと説明してきた。こうした対話が建設的に行われれば、世界でトップクラスの水道を築いてきた日本の公営企業の発展へつながっていくと期待している。

いま公営水道事業体に必要なのは、正しい情報と官民連携以外の選択肢を示し、住民とともに持続可能な水道事業経営を考えることである。

流域連携――水は公共の財産

水道事業には、健全な水循環の維持と水資源の適切な利用が求められる。二〇一四年に施行された水循環基本法は水循環の重要性と公共性を強調し（第三条）、実施計画である水循環基本計画では流域マネジメントを求めている。流域マネジメントとは、行政などの公的機関、事業者、団体、住民が流域において連携して活動することと定義される。そして、健全な水循環を維持ないし回復させるための取り組みは、問題が生じている部分のみに着目するだけでなく、流域全体を視野に入れることが重要であるという。

内閣府水循環政策本部は、こうした視点に立って行われている二九の流域水循環計画を公表し、その活動を支援している[3]。ただし、流域マネジメントに対する上下水道事業の積極的参加事例がないのは残念だ。

これまでの水需要計画は「街の拡大」を前提とする消費優先の計画であった。だが、過大な水需要予測に基づく基幹設備（導水路、浄水・配水設備、送水管など）の建設費償還金が経営を圧迫している。なかでもダムについては、土砂の堆積除去などの維持管理費用の負担を考えれば、必ず訪れる耐用年数後に、ダムに頼らない利水を検討しなければならない。

健全な水循環の維持・回復のためには、都市部が主導するのではなく、上下流域が対等の立場に立った「流域を考えた水行政」が必要である。とくに水利権調整のためには、タテ割り(厚生労働省と国土交通省)を解消し、一元化によって流域全体を考え、事業の大小を問わず対等な関係の協議母体が担うことが望まれる。

今回の法改正では、水道法の本旨の変質にまでは至らず、運営方法の選択権が住民から奪われなかったことは重要な成果だ。この改正をきっかけに高まった水道事業を考える機運を前向きに捉え、水循環の回復と維持や持続可能な水道事業を再構築する議論の深まりを期待する。水は人権であることを自覚し、憲法、水循環基本法、そして水道法、地方公営企業法の理念と目的を達成する職員の育成こそ、真の基盤強化につながる。

(1) https://www.jichiroren.jp/news/post-26002/
(2) 岸本聡子/オリビエ・プティジャン編、宇野真介/市村慶訳『再公営化という選択——世界の民営化の失敗から学ぶ』トランスナショナル研究所、二〇一九年。
(3) 内閣官房水循環政策本部事務局『水循環白書(平成三〇年版)』内閣府、一〇九ページ。

エピローグ　水は自治の基本——未来の公共サービスを創るために

橋本　淳司

水供給は自分でコントロールすべき

各地で水道料金の値上げが計画されている。誰にとっても値上げは嫌なものだが、水道に「おいしさ」と「安さ」を求める時代は終わっている。水道民営化の議論の根底には依存がある。市民が水道の持続性には関心を持たず、水道の消費者になっていたとしたら、それは依存である。そして、自治体が自ら課題解決を放棄し企業に依存した結果が民営化につながる。

人類の営みは、川の近くの半乾燥地帯で始まった。川から生活に必要な水を得て、そこを水場とする動物、棲息する魚介類を狩猟することもできた。豊富な水に支えられて植物が茂る環境は、食料調達だけでなく、寝床としても隠れ家としてもこのうえない。この時代、人間の使う水は自然の循環のなかにあった。

やがて農耕が始まると、農業用水も肥沃な土地も川からもたらされた。上流から流され堆積した土砂によって、肥沃な土地が形成されたのだ。農耕が盛んになると、水利用に最初の変革が起きる。水を得るために水辺まで移動していた人間が、反対に自分たちのほうへ水を引き寄せた。古代文明が発達した地には、灌漑用運河、貯水や分水を目的とした小さなダム、水を自然流下で運ぶ水路、清潔な水と汚水を分離するための汚水処理システムの痕跡が残っている。

水道の起源は、紀元前三一二年の古代ローマのアピア水道と言われる。ローマでは、その後三〇〇年の歳月を費やして四四〇キロの水路が建設され、帝国は大いに発展した。水道が引かれたのはローマの支配下にある街であり、服従の象徴という見方もできる。

時代はとんで一九八〇年代後半、トルコはジェイハン川とセイハン川の水をパイプラインでアラブ諸国に提供しようとした。昔日のオスマントルコ領に水を配り、政治的な支配を広げる狙いである。水が不足している地域が他国から水を買うと、その国に依存することになり、独立が危うくなる。安全保障という観点からアラブ諸国はこの申し出を断った。

『渇きの考古学——水をめぐる人類のものがたり』(スティーヴン・ミズン著)は、人類の水管理の歴史を考古学者が語った書物だ。そこでは、過去からの教訓としてこう結ばれている。

「自分の水供給は自分でコントロールするように。さもなければ少なくとも、あなたの水供給をコントロールする者たちには責任を取らせるように」

「歴史を通じて、水供給が権威を持つ者たちによって、その権威をさらに強化するために操作されたことはまったく明らか」

インフラの持続を考える

現在も私たちの暮らしは水とつながっている。蛇口の向こうが上流で、排水口から向こうが下流である。だから、水源から蛇口まで、排水口から河川までを知ることが大切だ。

水道料金の算出方法も実はこのプロセスに関係している。分数式をイメージしてほしい。分子の部分には、施設・設備費（ダムや浄水施設、水道管などの設置、維持費用）、運営費（職員給与、支払利息、減価償却費、動力費や光熱費）、受水費（ダムや近隣の浄水施設からの水供給費用）など水道にかかるコストがくる。それを分母の部分の給水人口で割って計算する。家庭での利用のほか、病院、ホテル、飲食店などでの利用も含まれる。

分子のコストが増えたとき、分母の給水人口が減ったとき、水道料金は上がる。水道料金が自治体（水道事業者）ごとに違うのは、分子と分母の数字が違うからである。

分母から見ると、人口は減っている。現在の日本の総人口は約一億二七〇〇万人だが、二〇六五年には約八八〇〇万人になるという推計だ。一人が使う生活用水使用量も減っている。二〇〇〇年ごろは一人一日約三二二ℓだったが、一七年は約二九七ℓ。節水技術が進んだことによって減った。たとえば水洗トイレ。二〇〜三〇年前は一回流すと一三ℓの水が流れていたが、現在では一回四・八ℓの便器が主流だ（最新型は四ℓ以下）。一世帯で考えてもかなりの節水となるが、オフィスビルなどが建て替わるとトイレが一新され、大規模な節水が行われる。

さらに、水を大量に使用する病院、ホテル、大規模店舗、福祉施設などの多くは水道料金を削減したいと考え、自前の井戸に切り替えている。大口需要を失い、水道事業者は大幅な減収になった。水道が普及していった高度経済成長期は、一人あたりの使用水量も人口も増えていく時代だった。しかし、時代は変わり、当初の需要予測を大きく下回っている。

次に、分子の部分はどうか。水道は高度経済成長期を中心に整備され、現在の普及率は九八%になった。だが、施設も水道管も古くなっている。全国に張り巡らせた水道網は六六万キロ。そのうち、法定耐用年数四〇年を経過した管路(経年化管路)は一五%(二〇一八年)を占める。法定耐用年数の一・五倍を経過した管路(老朽化管路)は、詳細なデータがないものの年々増え続けていると考えられる。厚生労働省は水道事業者に更新を急ぐよう求めているが、財政難から追いつかず、すべての更新には一三〇年以上かかる計算だ。

管路だけでなく、浄水場などの施設の老朽化も大きな問題だ。老朽化した管は交換や修理が必要だが、人口減が続く自治体は水道料金収入も減少し、予算の捻出に苦しんでいる。こうしたことが水道料金値上げの背景にある。

インフラ更新は、設備の老朽化とともに定期的にやってくる。物価が上昇すれば、更新コストも上昇する。そして、更新は一度だけではない。そこに水道があるかぎり、永遠に必要だ。一方で、まちの様子は変わる。人口が減少すれば、過去に造ったインフラの稼働率は低下する。「思ったより人が増えなかった」「想像していたより早く人が減っていく」「想定していた半分も水を使わない」ということになり、現在の水道施設の利用率は全国平均で六割ほど。つまり、四割は余剰になっている。

公共インフラは水道に限らず持続性が危ぶまれている。二〇一六年度の『下水道統計』によると、下水道管は、汚水管に雨水管、合流管を含めて約四七万キロ。そのうち、下水から発生する硫化水素の影響などで腐食リスクが大きく、定期点検を義務付けられた主要な管は約五〇〇〇キロあるとされる。主要な管から枝分かれした細い管を含めると、すべてが完了しているわけではないものの、この一〇倍程度になると推察される。下水道管の老朽化に起因する道路陥没事故は年間三〇〇〇件超。道路の陥没が起きると、地下に埋設されている水道やガスなどのライフラインが寸断され、日常生活に甚大な影響を与える。

しかし、下水道経営は水道以上に厳しく、そもそも赤字事業だ。使用料収入を超える一般会計からの補填で成り立っている。今後は更新時期を迎える。その費用は水道の三〜四倍かかり、さらなる一般会計からの繰り入れが必要になる。そうなると教育や福祉などに使うはずの予算が削られ、私たちは下水道を維持するために税金を支払うようになるだろう（第5章2参照）。下水道事業の破綻が自治体の破綻につながるケースもありそうだ。

インフラストラクチャーとは「下支えするもの」という意味だが、インフラを下支えするために私たちが税金を支払う社会が見えている。インフラを「いかに維持するか」という視点だけでは、対症療法的な議論ばかりになって、根本的な解決につながらない。

パリ市の水道改革は「水道以上」と「市民参画」

パリ市というと再公営化の経緯が注目されている。ただし、重要なのは再公営化後の業務改善だ。主な目標を図に示す。

パリ市は持続的な水供給を考え、これまでの水道事業の枠を超えて、かつ中長期の事業計画を立てている。パリ市の水道は、公営企業のオー・ド・パリ(一〇〇%公営で市による管理。株主はなし。独自の予算を持つ半独立の法人)が行う(第2章1参照)。

オー・ド・パリの水道事業は、水を確保し、浄水し、各家庭に配水するだけではない。長期的な水環境の保全と水質改善を行うべきという理念から、法的枠組みのなかで、水源地を所有し、保全活動を行う。そのために一一の県、三〇〇以上の自治体、農業セクター、NGOと連携している。同時に、長い時間軸で水道事業を考える。一九世紀から培ってきた水関連の設備・資産などを受け継ぎながら、未来に向けた開発を行う。

図エピローグ－1　パリ市水道の経営目標

いかなる状況下でも質の高い水道水の供給を保障する
水道事業の中心に利用者を据える
厳正で透明性の高い経営
水へのアクセスを保障
水道管と設備の機能の保障
資産の維持と活用のレベルを高く維持
水道システムの未来を見据えたヴィジョン
社会的に進んだ企業モデルの提供
環境保全に責任を持てる安定的なマネジメント・システム
飲料水以外の水の事業も同時に進める

また、公営企業として、古くなった設備を新しい設備に更新するだけでなく、過去を受け継ぎ未来に向けて継承するという哲学を持ち、人材育成に力を入れる。基本業務は、水の生産（取水、水源保全、運搬導水、浄化）、供給（メンテナンス、揚水、貯留、流量制御）、管理（水質管理、計量、課金、顧客サービス）などで、職員は十分な知識と将来課題に取り組むための専門性を身につけている。

市民が参画する仕組みもある。再公営化後、パリ水オブザバトリーという組織が新設された。これは水道事業に関する情報と議論の場で、水道利用者の代表で構成される。代表者は、オー・ド・パリの意思決定機関である理事会の構成メンバーである。

オー・ド・パリは、パリ水オブザバトリーに財務、技術、政策情報を公開する。パリ水オブザバトリーはパリ市の水に関する政策策定と実施に参画し、水に関して市民がかかえる問題をスムーズに解決する。参加型統治とも言われるこのモデルは、再公営化したフランスのグルノーブル市やモンペリエ市でも導入され、他の国々の公営水道運営にも影響を与えている。

四〇年後を見据える

日本では参加型統治の事例はない。だが、市民が水の消費者から脱して、まちづくりを考え始めた事例はいくつかある。

岩手県のほぼ中央に位置する矢巾（やはば）町（人口二万七八三九人、二〇一八年）では〇九年から、持続可能な水道事業を実現するには「納得して水道料金を支払う意識を持つ住民との関係の構築が必要」という認識のもとで、一般公募の水道サポーターを対象にしたワークショップが始まった。水道事業の現状と、設備更新を実施しない場合に生ずるリスク・対策などの情報をオープンにして討論することで、町民は自分たちの水道の将来を考える。

初年度(二〇〇九年度)の水道サポーターは七人。月一回のワークショップを開き、水道事業の諸問題の共有を図った。会議室の中央に、パソコンの映像を映すためのスクリーン。サポーターはホワイトボードに向かってU字型に配置された椅子に座る。水道職員はファシリテーターと書記になる。書記はホワイトボードに模造紙を貼って、サポーターの意見を書いていく。一つの「問いかけ」につき模造紙一枚にまとめるよう工夫されており、会場にはこれまでの意見を記録した模造紙が貼ってある。最初は自由に意見や苦情を言ってもらい、KJ法でまとめていく。

七人のうち、水道に関心があった人は一人だけ。「時間に余裕があるから手をあげてみよう」というノリの人がほとんどだったという。子ども連れの母親もいて、お菓子を食べたり、おしゃべりをしたりしながら、水道について学んでいった。映像資料を見たり、水道水とミネラルウォーターの飲み比べをしたり、浄水場などの施設見学をしたり……。その後も毎年水道サポーターが公募で集められ、現在に至っている。

この仕組みの特徴は、「発言しないマジョリティ」の声の反映に腐心していることだ。なるべく、水道に関心のない人が集まりやすいようにしている。たとえば、子育て中のお母さんが集まりやすいように、子どもが学校に通う時間帯に開催し、交通費も支給する。

住民でつくられた組織が「声の大きなマイノリティ」であることも多い。意識が高く、専門知識もあるが、住民全体の代表ではない。その人たちが住民をリードする場合もあるが、役所と対立する場合もある。こうなると、「声の大きなマイノリティ」は役所とも多くの住民とも乖離していく。

矢巾町の水道サポーター制度は学習する組織である。年度ごとに構成メンバーが増え、学びも深まる。学びが深まると、深刻なテーマを扱えるようになる。戦後から高度経済成長期に整備された全国の水道設備が老朽化し、一斉に更新期を迎えていること、簡易水道を維持するため住民に設備補修費の一部負担を求めるケースがあることなどを学びながら、矢巾町の水道事業の持続性、将来のあるべき姿を探っていった。時間をかけて学ぶうちに、サポーターは成長し、水道に対する意識が変わった。

「水道は利用できて当たり前と感じていたが、今回参加して料金の根拠など多くを学んだ」

「水道に携わる人の苦労を知った。今後はもっと大切に使いたい」

「水道事業を持続させるには適正な投資が必要で、水道料金の多少の値上げもやむなしだ」

水道事業の現状と、設備更新を実施しない場合に生ずるリスク・対策などの情報をオープンにして討論することで、町民は自分たちの水道の将来を考える。

ワークショップでは、「四〇年後の矢巾はどのようなまちになっているか」「どのようなまちにしたいか」を話し合うことに主眼がおかれている。参加者はそのイメージを共有し、次に「そうなるためには何をしていったらいいか」と考える。現状を知り、未来をイメージし、次に何をするかを考えた結果、次世代の負担を軽減するために現在から「保険的投資」を行っていこうという意見が出た。

このワークショップの基本になっているのは、フューチャーデザイン（FD）という考え方だ。現代に生きる私たちは、子や孫よりも自分たちの暮らしを優先しがちであり、このままでは未来へ負の遺産を残す。そうならないためには、犠牲になる世代の声に耳を傾ける必要がある。「四〇年後の市民になって意見を述べてください」という問いかけには、そうした意味がある。四〇年後を具体的にイメージできたら、バックキャスティングする。

問題解決の手法には、先に課題を定義して、その解決策を考えるフォアキャスティングと、あるべき姿を定義して、その実現手段を考えるバックキャスティングの二種類がある。バックキャスティングの本質は、チームメンバーと「こうなりたい」とめざす理想の姿を共有し、それを実現するために何をすべきかを考える点だ。未来の姿から順番にさかのぼって、中期的に取り組むべきこと、短期的に解決すべきこと、いま成すべきことを考えていく。

「二〇六〇年にはこうしたまちになっている」ために、「二〇四〇年までにこうした変化が起きる」「二〇三〇年までにこうした変化が起きる」と考える。そのうえで、何を課題と捉えて、どのように解決していくか、話し合いアクションを起こす。

蛇口までを実際に歩いてみる

地域の水に関心を持つことも重要だ。東京都の多摩地区にある昭島市（人口一一万一九四二人、二〇一九年）は、都内のほとんどの自治体が東京都水道局から水を供給されているのに対して、豊富な地下水を活用し、独自の水道事業を営んでいる。ここで二〇一八年と一九年の二年間行われた「昭島の水のことを考え、語れる人になろう」というプロジェクトをサポートした。プロジェクトの目的は、市民が地域の子どもたちに地域の水の話ができるようになることだ。

一回目は体験型の水教育プログラム「プロジェクトＷＥＴ（Water Education for Teachers）」の講習会を行った。米国で開発されたプログラムで、ゲーム感覚で楽しみながら水について学べる活動（教材）が二〇〇以上用意されている。

たとえば「みんなの水」という活動は、人口増加や産業発展に伴う地下水利用の変化を考えるものだ。一〇ℓの水が入った桶を地域の水に見立て、講習会場の中央に置く。参加者はそのまわりにスポンジを持って集まる。スポンジは井戸もしくは水を汲み上げるポンプを表す。

最初は、二〇〇年前の水利用をシミュレーションする。小さな農家役の三人が小さなスポンジとコップを持ち、三〇秒間（三〇秒＝一年というルール）水を汲み上げる。三人の年間使用水量は三〇〇㎖ほどだった。

次に、一〇〇年前の水利用をシミュレーションする。利用者は、小さな農家役三人、中規模な農家役一人、小さな工場役二人、一般家庭役三人。三〇秒間スポンジを使って桶から水を汲み上げると、量は数倍に増える。

さらに五〇年前になると、小さな農家役四人、大規模な農家役二人、小さな工場役五人、大きな工場役二人、一般家庭一四人と増える。五〇年前と言えば高度経済成長期、利用者が増えて使用水量が増えると同時に、不適切な利用者も現れる。あらかじめ一つのスポンジに切れ目を入れ、茶色の絵の具を少し入れておくのだが、水を汲み上げているうちに桶の中の水が濁ってくる。

活動を終えたのち、今後の地下水利用はどうあるべきかをざっくばらんに話し合う。たとえば地下水ルールについて、こんな意見が出た。

「流域全体の地下水量や使用状況などの調査を行い、見える化を図るとよい」

「過剰な利用や汚染に関する規制（排水の水質基準を設け、基準を超えると使用停止）が必要」

「地下水の涵養を促進するべき」

二回目は昭島市内の水辺を歩いた。住み慣れたまちの風景も、子どもたちに授業をする準備となると視点が変わり、再発見の連続となる。

たとえば、諏訪神社からの湧水は東に流れる。旧家の黒塀の前に水路があり、穏やかに流れる水に歩調を合わせながら進む。歩いて三分ほどの民家の裏庭に、二〇坪ほどのワサビ田があ

った。地元に住んでいながら多くの参加者は知らず、「まさか都内にワサビ田があるなんて」と歓声が上がった。民家の裏手の崖下から湧き出る清泉は清流となって、東方の中神本村域に流れていく。その流路にあたる宮沢地区と中神地区では、軒先や門前を流れるこの水を、古くから飲み水や米とぎ、風呂などに利用してきたという。

ここで「水の講」の話を聞く。これは、宮沢地区と中神地区の二十数軒で構成される水利維持管理のための組織だ。先人たちの生活の必然性から生まれた生活協同組合的な組織で、水路で洗濯してはならないとか、使用後の汚水や汚物を捨ててはいけないといった、いくつかの取り決めもされている。参加者からは、「昭島は水が豊富な土地ではあるが、先人たちの努力によって現在があることに気づいた」という声が上がった。

同行した地質の専門家からは、昭島の地下水の流れについての解説があった。利用している地下水は、浅い地層の水と深い地層の水に分けられる。浅い地層を流れる地下水は北西から南東に向かって流れ、標高に準じている。深い地層を流れる地下水は、まったく逆に南から北へと流れている。昭島市水道部が汲み上げている水は深い層の地下水で、まちなかで昔から使っている井戸水は浅い層の地下水が多く、同じ昭島の水と言っても出自が違う。二つの水を飲み比べながら、見えない地下世界に思いを馳せた。

三回目は子どもたち向けのワークショップを開催する。メンバーは昭島の古い写真や地図、まち歩きで撮った写真や資料などを持ち寄り、プロジェクトＷＥＴの活動を昭島流にアレンジ

して実施した。授業は明るく楽しく、昭島を想う気持ちにあふれ、参加した子どもたちも喜んだ。

こうした活動を通じ、地域の水への理解と愛着が深まっていく。水の未来にとって最も大切なものを見た気がした。

周囲の森林に意識を向ける

二〇一四年九月三日、気象庁は異常気象分析検討会を招集した。このとき、一九七五年から二〇一四年までのデータから短時間の強雨が増えていると指摘。地球温暖化が進めば、この傾向はより進むと説明した。

地球温暖化は水循環を変える。海水の温度が上がると、海面からの水の蒸発が活発になる。水は気温が高いほど早く蒸発する。また、海上の大気の温度が上がると、空気中に含まれる水蒸気の量が増え、湿度が高くなる。湿度が高くなると、雨が降りやすくなる。巨大サイクロン、洪水や高潮などが頻繁に起こり、生命や自然環境が危険にさらされる可能性が高まる。日本周辺の水蒸気量が長期的に増加傾向にあり、空気中に水蒸気量が多くなるのだから、雨が増えるのは意外ではない。

極端な気候や天候がますます発生しやすくなれば、それが引き起こす災害について、しかるべき対策や計画を準備しなければならない。そのためには、「理解」「緩和」「適応」がキーワ

ードになる。地球温暖化を「理解」し、植林などの「緩和」策を実行し、さらに容易には食い止められない気候変動に合わせて、自らの生活・仕事のスタイルやアプローチを変えて「適応」していくことだ。

森林は光合成によって大気中の二酸化炭素を吸収し、炭素として貯える。そのため、大気中の炭素を減らし、温暖化を抑える役目を持つ。

ところが、日本の森林のありようを変える法改正がなされた。国有林野管理経営法の改正である。この改正は、国民の共有の財産である国有林を民間企業に開放するものだ。国有林の一定区域で、一定期間(最長五〇年)、林業経営者に樹木を採取する権利(樹木採取権)を創設する。川下の大型国産材産業・バイオマス発電所に原材料を安価で大量に供給し、それによって林業を成長産業にしようという狙いである。

だが、災害の多発がきわめて懸念される。二〇一七年の福岡県朝倉市を中心とした九州北部豪雨では、皆伐地や作業道で崩壊が確認されている。皆伐していなければ、死者四〇人までの被害にはならなかっただろう。皆伐が全国各地に広がれば、朝倉市の悲劇が各地に広がるということだ。川下での都市用水と農業用水の深刻な不足と質の低下も予測される。

私たちはこうしたことも見ていく必要がある。水源から蛇口、排水口から川までに意識を巡らせ、地域への関心を高めることが、持続可能なまちづくりとインフラ整備につながる。

あとがき

「水は生命であり、人は誰も生命を奪われてはなりません。これが水の持つ力なのです。ボリビアで、全世界で、水のために闘い、殺された人びとの魂と勇気を記憶にとどめてください」

アジア太平洋資料センター(PARC)は二〇〇二年、ボリビアで水道民営化反対運動を率いたパブロ・ソロン氏を招き、世界と日本の水道民営化に関する国際シンポジウムを開催した。冒頭の言葉は、そこで彼が語ったメッセージだ。

当時、水の権利を求める国際市民社会の運動は、いくつかの大きな転機を迎えていた。二〇〇〇年に国連で「水は基本的人権である」とする宣言が三三の途上国によって提起され、圧倒的な賛成多数で採択される(日本は棄権)。ソロン氏はボリビアの国連大使として、議場で各国に投票を呼び掛けた。また、本書で詳しく紹介した世界の再公営化の潮流は、二〇〇〇年ごろを起点にしている。ここに至るまで、そして現在まで、どれだけの人びとの労苦と犠牲、民営化の失敗によって強いられたコストがあったのか、私たちは二〇年、三〇年という視野を持って確認しなければならない。

一方、国際機関やグローバル水企業にとっても、二〇〇〇年前後は大きな意味を持つ。ビジ

ネスセクターが牽引する「世界水フォーラム」はこの時期から国際政策・各国政策への影響力を増し、水ビジネスの市場が拡大していく。日本の水道にも変化があった。二〇〇二年に改正水道法が施行され、第三者委託制度の導入によって民間委託が急速に広がっていく。

ただし、残念ながら当時、私たちを含めて多くの日本の市民は、すでに民営化を経験していた国から学び、それに対抗していく方策を十分に生み出すことはできなかった。「日本では民営化は起こらないだろう」と楽観的に受けとめていたのかもしれない。

それから一七年間で、規制緩和や公共サービスの市場化が日本で急速に進んだ。そして、PFI法によって公共財産の民間事業者による管理・運営・所有が推進され、二〇一八年一二月の水道法改正へと続く。直近の法改正をめぐる議論で水道問題に関心を持った人たちは、改めて日本の水道の質の高さと公営水道のありがたさを感じたのではないだろうか。

だが、本書で指摘されているとおり、「公営か民営か」という二項対立の議論だけでは、日本がかかえる課題は解決しない。また、「日本が奪われる」という外資悪玉論は、問題の本質をかえって見えにくくする。人口が激減している赤字経営の水道事業体をかかえる小規模自治体には、外資系企業は食指を動かさない。かつての途上国における民営化でも、貧困層が多い地区や過疎自治体は民営化の対象から除外されていた。それは、企業の原理からして当然である。

いま最大の問題は、財政難や施設の老朽化に直面している自治体に対する政府の処方箋が、改善の方向と大きくずれていることだ。同時に多くの市民も、「水道は当たり前のように提供される」という意識から転換できていない。現在も途上国の一部では、住民自らが河川の水を管理し、責任を負う。彼らと私たちとの根本的な違いは何だろうか。私たちは、先人たちの努力の成果としての水道を無意識に享受するだけの存在になっていないだろうか。

水道法改正やＰＦＩ推進政策など目の前に次々と出される政策に反対の立場から分析や発信をしつつ、執筆者の皆さんとの交流・議論では、常に「これからの公共水道をどうしたらいいのか」という話題になった。そこで見えてきたのは、次のような方向性だ。

「水道を自分事に」

「蛇口の向こうを想像し、考える」

「公営水道を守るだけではなく、自治と人権を基礎に、その管理・運営に参画し、改革する」

こうした問題意識が未来の公共水道をつくるうえで重要だろう。読者の皆さんが本書を読んで、「自分が飲んでいる水道水の水源はどこか？」「毎月の水道料金はいくらかかっているのか？」「地元自治体の水道財政はどうなっているのか？」「どういう業者に業務が委託されているのか？」「水道職員は何人いるのか？」などに関心を持ち、実際に調べていただくことが、私たちにとって最大の喜びである。

さらに踏み込んで、自治体の水道事業について意見を言い、参画する場をつくる動きが各地で生まれれば、「自治としての水」への大きな一歩となるだろう。現に、再公営化を果たした世界の自治体では、こうした住民の意識転換と取り組みが起こっている。私たちは、「民営化の失敗」だけでなく、この当事者意識をもっと学んでいきたい。

本書の執筆・編集にあたっては、一九九〇年代からＰＡＲＣが行ってきた世界の水道民営化の現地調査(マニラ、ジャカルタ、インドなど)の経験と分析をふまえている。そして、経済のグローバリゼーションの負の側面と、国際機関・日本政府への政策提言について、ＰＡＲＣの多彩なメンバーのなかで私が最も影響を受け、多くを教えていただいた故・北沢洋子さんの著書や論稿から、改めて多くの示唆をいただいた。また、水道民営化について調査・提言活動を共に行った佐久間智子氏の功績も本書に欠かせない。お二人に改めて、お礼を申し上げたい。

企画・編集を共に担ったコモンズの大江正章さんは、ＰＡＲＣの共同代表の一人であり、農山村における住民の多様な取り組みを自治と民主主義という観点から伝えるジャーナリストでもある。校正や広報は、ＰＡＲＣの元スタッフである浅田麻衣さんが行った。お二人に感謝申し上げたい。

最後に、いまこの瞬間にも、世界各地で「水は人権、水は公共財」という視点から多くの人たちが抵抗し、対案を提起しつつ地域で活動をしていることを再度思い起こしておきたい。

二〇一九年七月

内田　聖子

【著者紹介】

岸本聡子（きしもと・さとこ）
1974年生まれ。東京都出身。トランスナショナル研究所研究員。主著『再公営化という選択――世界の民営化の失敗から学ぶ』（編、堀之内出版、2019年）、『安易な民営化のつけはどこに――先進国に広がる再公営化の動き』（共著、イマジン出版、2018年）、"*Public Finance for the Future We Want*", ed., Transnational Institute, 2019.

辻谷貴文（つじたに・たかふみ）
1974年生まれ。大阪市出身。全日本水道労働組合書記次長。主著『安易な民営化のつけはどこに――先進国に広がる再公営化の動き』（共著、イマジン出版、2018年）。

竹内康人（たけうち・やすと）
1957年生まれ。浜松市出身。人権平和・浜松世話人、水道民営化（コンセッション）反対市民有志代表。主著『浜岡・反原発の民衆史』（社会評論社、2014年）、『調査・朝鮮人強制労働①～④』（社会評論社、2013～15年）、共著『静岡県の戦争遺跡を歩く』（静岡新聞社、2009年）など。

池谷たか子（いけや・たかこ）
1955年生まれ。静岡県出身。浜松市の水道民営化を考える市民ネットワーク事務局。

工藤昭彦（くどう・あきひこ）
1946年生まれ。秋田県出身。東北大学名誉教授、食・緑・水を創る宮城県民会議会長。主著『現代農業考――「農」受容と社会の輪郭』（創森社、2016年）『資本主義と農業――世界恐慌・ファシズム体制・農業問題』（批評社、2009年）、『震災からの問い（東北大学教養教育院叢書「大学と教養」２）』（共著、東北大学出版会、2018年）。

武田かおり（たけだ・かおり）
1970年生まれ。大阪府出身。NPO 法人 AM ネット事務局長。

菊池明敏（きくち・あきとし）
1959年生まれ。岩手県出身。岩手中部水道企業団参与。共著『地方公営企業経営論――水道事業の統合と広域化』（関西学院大学出版会、2011年）、主論文「人口減少時代の上下水道経営」（『日経グローカル』2018年４月号～９月号、「中小水道事業における広域化の必要性――持続可能な事業運営のために」『都市問題』2017年６月号）。

近藤夏樹（こんどう・なつき）
1963年生まれ。岐阜県出身。自治労連公営企業評議会事務局長、名古屋水道労働組合中央執行委員長、名古屋市上下水道局勤務。

橋本淳司（はしもと・じゅんじ）
1967年生まれ。群馬県館林市出身。水ジャーナリスト、アクアスフィア・水教育研究所代表。主著『水道民営化で水はどうなるのか』（岩波ブックレット、2019年）、『水がなくなる日』（産業編集センター、2018年）、『100年後の水を守る』（文研出版、2015年）など。

【編著者紹介】

内田聖子（うちだしょうこ）

1970年生まれ。大分県別府市出身。

NPO法人アジア太平洋資料センター（PARC）共同代表。

出版社勤務などを経て2001年よりPARCに勤務。TPPなどのメガFTAやWTOなどの自由貿易・投資協定のウォッチと調査、提言活動、市民キャンペーンなどを海外の市民社会団体とともに行う。世界各地でこれまで「人権・自治・公共財としての水」を取り戻すための運動が重ねられてきた。「遅れてきた民営化の波」に直面する日本の私たちは、そこから学び、その運動に参加していく必要がある。

共著『TAGの正体――農業も自動車も守れない日米貿易協定』（農山漁村文化協会、2018年）、『自由貿易は私たちを幸せにするのか？』（コモンズ、2017年）、『TPP・FTAと公共政策の変質――問われる国民主権、地方自治、公共サービス』（自治体研究社、2017年）、『非戦・対話・NGO――国境を越え、世代を受け継ぐ私たちの歩み』（新評論、2017年）、『徹底解剖国家戦略特区――私たちの暮らしはどうなる？』（コモンズ、2014年）など。

日本の水道をどうする!?
二〇一九年八月　五　日　初版発行
二〇一九年九月三〇日　2刷発行
編著者　内田聖子

発行者　大江正章
発行所　コモンズ
東京都新宿区西早稲田二―一六―一五―五〇三
TEL〇三（六二六五）九六一七
FAX〇三（六二六五）九六一八
振替　〇〇一一〇―五―四〇〇一二〇
info@commonsonline.co.jp
http://www.commonsonline.co.jp/
印刷・加藤文明社／製本・東京美術紙工
乱丁・落丁はお取り替えいたします。
ISBN 978-4-86187-159-7 C 0036